Attractive Female Practicing Lesson

魅力女性修炼课02

花香课堂

娄勤 编著

中国言实出版社

图书在版编目(CIP)数据

花香课堂 / 娄勤编著. -- 北京 : 中国言实出版社,
2015.2

（魅力女性修炼课 ; 2）

ISBN 978-7-5171-1024-8

Ⅰ. ①花… Ⅱ. ①娄… Ⅲ. ①女性 - 修养 - 通俗读物
Ⅳ. ①B825-49

中国版本图书馆CIP数据核字(2014)第301296号

责任编辑：马晓冉

出版发行　中国言实出版社

地　址：北京市朝阳区北苑路180号加利大厦5号楼105室

邮　编：100101

电　话：64924716（发行部）64924735（邮　购）

64924880（总编室）52837041（编辑部）

网　址：www.zgyscbs.cn

E-mail：zgyscbs@263.net

经　　销　新华书店

印　　刷　三河市龙大印装有限公司

版　　次　2015年2月第1版　2015年2月第1次印刷

规　　格　880毫米×1230毫米　1/32　6.625印张

字　　数　177千字

定　　价　25.80元　ISBN 978-7-5171-1024-8

前言

PREFACE

女人娇美、妩媚，她们有着这个世界上最美丽的笑容和最悲伤的哭泣，可以说身为女人是最幸福和自豪的事情。不过这些优势却在这个时代里变得越来越薄弱起来，这是因为诱惑和压力，无处不在的负能量让女人们无法不正视自己身边发生的各种各样的问题，于是她们渐渐迷失在了这个浮躁的时代里。

女人会因为家庭而忽略了自己，女人会因为工作而忘记了自己，一个现代女性的悲哀莫过于此。可是我们却不能这样任由无奈的情绪占据自己，我们要觉醒，要找回曾经青春的激情和浪漫，让自己的心态永远健康年轻，这样才能拥有一个美丽自在的人生。

女人最需要的就是一个好的心态，好心态才是我们无往不利的法宝。我们在生活中听到太多女人都在抱怨自己生活得不够如意，说她们没有优越的物质生活，没有惹人注目的容颜，可是生活真的如此乏味吗？恐怕也未必，有时候只是因为我们自己遮蔽了那双能够发现美好的眼睛。人与人是不同的，我们之所以产生了诸多抱怨，那是因为在不停地与他人对比，这才会让自己平添了许多烦恼。可是真正能带给我们快乐幸福的只是自己的美好心态，而不是外界的影响因素。

心灵美的女人会从里到外散发出一股耐人寻味的幽香，她们不娇气不自私，不浮躁不自卑，高洁又睿智，优雅又包容，就像一株远远开放在花丛中的百合一样，素白光洁，永远是那么耀眼，永远是那么超然。

这部书主要的内容就是教会女人如何改变自己的内心，让自己变得不再迷茫和焦躁。而面对这个世界我们该以什么样的思维方式与之相处，这更是这部书的主旨所在。虽然不可能在短短的十几万字中就让你彻底改变，但是只要有那么一章一节能够让你感到有所收获，笔者也就欣慰万分了。

CONTENTS

目 录

花香课堂

第8章
Chapter 08

聪颖雅致的女人之香

1

第一章　淡然怡人的静雅之香

1.认清自我，坚守自我

女人是上天赐予这个干枯世界的礼物，如果没有女人，这个世界将是一片荒芜又凄凉的沙漠。作为这个世界上最美的色彩，一直以来女人们却过得并没有那么精彩。除了远古时期的母系社会之外，从古至今都是男权至上，虽然现在已经基本摆脱了这种陋习，但是由于天生特性所限，女人还是更多地把自己的精力放到生活中，而男人才会更大程度地将精力放到工作上，这种不同反倒让聪明温柔的女人们有了更多的压力。女人本来就比男人温柔细心，这注定她们要在生活中付出比男人还要多的精力，于是很多的现代女性就经常会抱怨自己的生活不如意，无论是未婚还是已婚，都有着不同程度的苦闷，这就是现代社会给以女性的新考验，诱惑变多，压力变大，女人究竟该怎样走出自己独特的路呢？

这就首先需要女人下意识地肯定自己，认清自己。人身上什么品质最让人欣赏？认清自己的优劣势一定是其中之一。现实生活中没有谁是十全十美的，但是人们互相之间的高要求又让大家都对彼此很失望，这就是现实社会中惹人烦恼的原因之一。不过，这种烦恼是没有必要的，毕竟人都是有缺陷的，而且正是这些缺陷才造成了这个精彩的你，也成就了这个精彩的世界，如果人人都是那么完美，千人一面的世界又有什么可爱呢？

现代女性很多时候对自己都妄自菲薄，特别是对自己的外貌和才能都不自信，觉得自己不够瘦，不够白，身材不够魔鬼……可是你要明白，这都是普遍的审美所造就的"美"，难道这样就是美了吗？恐怕也不见得，最起码东西方的审美就不同。正是因为从古至今以来都没有一个关于美丽的固定评判标准，所以谁又能说自己完全美丽或者很丑呢？因此我们要接受自己，肯定自己，认清自己，其实你不见得有那么好，更不见得有那么差，我们都是平平凡凡的人，所以不要给自己那么大的压力，保有那份对美好品德的坚持，那么你就是美丽的。

过分的在乎外貌其实是一种自卑，比如白雪公主里的王后。这个王后本来是一个很美丽的女人，但是她嫉妒心太强，这就慢慢地成为了她的沉重负担。每天早晨她都要对着魔镜说："告诉我，谁是世界上最美丽的女人？"魔镜总是毕恭毕敬地告诉她："美丽的王后，您就是世界上最美的女人。"王后每天都沉浸在这样的虚荣之中不可自拔。后来白雪公主慢慢长大，她的美丽渐渐超过了王后，于是这个心胸狭隘的王后就想方设法地要除掉白雪公主。但是世事难料，最后白雪公主在很多人的帮助之下又重新活了过来。这时的王后因为绞尽脑汁地陷害他人，也因为嫉妒心作祟，所以容貌尽毁，最终成为了一个丑陋的老太婆。

女人必须接纳自己的样貌和体态，这是上天赐予你的礼物，你不可以那么轻易地产生怀疑。尼采曾经说过："聪明的人只要能认识自己，便什么也不会失去。"只有接纳自己，认清自己，才能使自己充满自信，才能使人生的方向不至于迷失。一个人的气质要从形象、眼神、言谈举止、心态思想等多方面体现出来，如果你太执着于外界的评价，就会不由自主地改变那个本来纯真的你，让你从内心深处就把自己给否定了，也许你会因此而变得更像你所期冀的那样，成为一个受人瞩目的人物，但也很有可能让自己迷失方向，终日东施效颦，失去了自己，成为了他人的笑柄。

认清自己，不止是要认清自己的外貌，更要认清自己的能力。每个人的能力都是不同的，有的人可能心思敏捷，适合理财，有的人可能敏感多情，适合从艺，正是因为人与人都是不同的，所以就没有什么可比性。在生活中，我们都想最大程度地发挥自己的能量，让自己更大程度地获得社会的认可。而想要做到这一点，就需要我们根据自我的长处和爱好来选好自己扮演的社会角色。人的一生是那么漫长，所以我们一定要正确地认识自己，如果把自己估计得过高，那么就会让自己脱离现实情况，靠着幻想度日，最终让自己从高高的云端坠落，成为一个一事无成的人。而如果把自己估计得过低，就会使自己产生强烈的自卑心，自怨自艾，最终自暴自弃，错过了很多能发挥自己的机会，抱憾终生。

著名作家马克•吐温毕业后开始积极经商，但是他没有这方面的经验，天赋也不足，所以没有过多久，他不仅没赚到钱，还赔掉了家底。马克•吐温没有因此而沉沦，相反的，他开始认真思考，自己的长处和优点。其实他一直以来都很有语言天赋，却从来没有利用，于是这时他就想离开商海从事写作。经过多年淬炼，他终于成为了美国最著名的幽默大师、小说家、作家、演说家。

还有一个故事是说，一个小有名气的年轻画家在画完一幅作品之后，将作品拿到展厅展出。为了能够听取更多的意见，以便自己进步，他就在他的作品旁边放了一支笔，希望参观这幅画的人找出画中的败笔并标记出来。到了晚上，他兴致勃勃地去取画，却发现整张画上面密密麻麻的都被画满了标记，这里不行，那里不好，这让他感觉很失落。懊恼的他把这个经历告诉了他的一个朋友，这个朋友告诉他不妨换一种方式试试。于是，他又画了一幅同样的画，同样还是放到那个展厅展示，这次他还是在旁边放了一支笔，不过这次是让观众们寻找优点。取回画的时候，他发现作品上都被画满了标记，甚至包括那些曾经被人批评到糟糕至极的地方。这时，他才懂得：无论做什么事情，都不可能让所有人都满意。因为每个人的看法不同，可能在一些人眼里是丑恶的东西，而在另一群人眼里却是最美好的。

从这些故事中我们可以了解到，一个人认清自己，发挥自己优势有多么重要。当然我们除了这样清醒地了解自己，还要保护自己的优势，不要让它就那么轻易地流逝，否则我们就会白白地浪费掉自己的天赋，成为方仲永。作为女人，我们更该对自己有一定的要求，同时一定不要忘记了自己的本性，只有保住自己的本性，我们才能不轻易地被外界的诱惑所侵扰，也才能更容易地坚定自己的内心，找到幸福与真爱。

现代的很多女人都对自己不够有信心，同时也对外界的诸多诱惑表示难以抵挡，所以她们也就无法坚持自己，也很容易受到诱惑而走上了不归途。你要明白，成功不能复制，任何人的成功和辉煌都来自于自身坚持不懈的奋斗和努力。金钱的确可爱，名声的确可爱，但是它们却不一定是我们生活的全部。女人，只有把情融入到生命中，才会成为一个真正的女人。否则为名利所驱使的她，就会很容易沦为现实社会阴暗面的展现者，她们也许会因此丧失了尊严，她们也许会因此失去了原本健康阳光的一切，这都是得不偿失的，这类人就是边缘人士，她们是浮华世界的具体体现。

社会是一个五彩斑斓的大舞台，而我们想要在社会上成为什么样的人，就需要我们有所取舍。虽然我们在工作生活中，有些时候是配角，但是不要因此而烦躁不安，因为配角自有配角的美和自在，况且很可能只是在某一方面你是配角而已，总有一些才能是你比他人要强的，所以人一定不要轻易否定自己。

有一位手艺绝伦的陶工做出了一件完美无瑕的彩釉陶罐，万分欣喜的他把这只陶罐带回了家，然后放到了屋子角落的一个石头上，以便自己他随时观赏，随时修改。

这个陶罐并没有感谢主人将它创造了出来，而是整天唉声叹气地表示自己生不逢时，“我这么精致，理应放到皇宫里展示，给所有的达官贵人欣赏，怎么能就这样放在一个陶工家里呢？再说，即使店铺里头售卖，也比这样强啊，起码会有很多人赞美我。”这时，摆放陶罐的那块石头听到它的抱怨后，笑了：“我在这呆的时间比你还久呢，这不也挺好的吗？安安静静的。”陶罐听到这些话后，反唇相讥：“你算个什么东西？

也配跟我说话？你只是一个垫脚石而已，你有我这样漂亮华美的外貌吗？跟你摆在一起真是我的耻辱！”石头争辩道：“我的确没有你那么好看，但是我安之若素，我现在的工作就是一块垫脚石，我完成得很好！”陶罐冷冷地说：“哼哼，你不比我差对吧？那么你为什么让我踩在脚下呢？心无大志，一辈子就是个垫脚石！你看着吧，我总有一天会被放到皇宫中展览的！”它越说越激动，一不小心从石头上掉了下来摔了个粉碎。

岁月如梭，在经历了多少代王朝的兴替之后，陶工的这间小屋也毁掉了，石头和那个破碎的陶罐都被遗落在了这片荒凉之中。许久以后，有人来到这里，掘开了厚厚的沙土，终于看见了那个石头。人们纷纷赞叹着这块宝玉的精美，原来时间已经使这块石头变成了一块宝玉，它已经不再是那个垫脚石了。石头说：“谢谢你们救了我，我的老朋友陶罐就在我的旁边，它也很漂亮的，请你们也把它挖出来吧。”这些人开始想方设法地找这个“精美”的陶罐，后来他们只发现了一片片的陶罐碎片而已，这些人说：“这只是一堆普通的碎片，再美也只是过去的事情了，如今它就是一堆垃圾。”

这则小寓言故事告诉我们，人不可自视甚高，也不可妄自菲薄，坚持自己的梦想和主张，保持自己的纯良本性，这才是现代女人最需要做的事情。褪去那些厚厚的粉妆吧，它们只会让你更加不自信，更加对容颜的老去而在意挂怀；免去那些不必要的烦恼吧，你的老公和孩子或许不比任何人差，你无需再去埋怨了，你应该是一朵花，而不是散发着晦气的怨妇。亲爱的女人们，我们都是独一无二的，我们无需模仿，更无需彷徨，而要坚定地在人生道路上行走，不快和挫折总是一时的，明媚的明天一定在不远的将来等着你。

2.低调为人，高调生存

现代人都喜欢那种被人羡慕的感觉，当然有人夸赞的确是好事，但是这些夸赞之中有真有假，有虚有实，我们不一定要照单全收。女人的天性中就有喜好虚荣的一面，但这并不是什么真正的缺点，因为有些时候这种虚荣会成为我们前进的动力。不过很多时候，作为一个明智的女人，还是要懂得刚则易折的道理，为人低调一些，这总是明智的处理方式。不过这并不是说让女人的生活就此变得黯淡，并非如此，生存与生活还是要高调的，这一低一高之间才能体现出一个女人真正的智慧。

大海永远不会炫耀它的宽广，但是它却可以容纳千川；苍天永远不会炫耀它的高远，但是它却能在一切之上……作为一个女人，我们也需要明白这个道理，那就是做人要低调，因为这并不会减少我们的魅力，相反还可能给自己加分。很多时候，我们不用像一个母老虎一样对别人颐指气使，也不用像一个怨妇一样对什么都絮絮叨叨，这些都是让人生变得灰暗的负能量，聪明的女人要学会含蓄和委婉，温柔和坚定。

古往今来，能够成就一番事业的女人无不是懂得审时度势、韬光养晦的高手。只有低调地放下自傲做人，才能让自己得到更多的积淀，这才是一个精明的女人需要做的事情。低调是一种超人的品格，也是一种超然的境界，这些都是促成我们改变自我的基础。这已经不只是生活的技术，而是一种生活的艺术，懂得低调的女人才会获得高调的生活品质，这是张扬的人所难以体会得到的。

也许会有一些人认为低调的人是“愚”，这是因为很多人已经被现代的一些变态的理论给洗脑了，她们认为一个人就是要“现”，不显山不露水怎么能吸引别人的眼球？不比别人强，不让别人羡慕，怎么能算成功？其实这种想法真的是离人生正途有点远，太过偏颇。让人羡慕的感觉是很好，就像项羽曾经所做的那样，在功成名就之后一定要回到家乡炫耀，否则就认为是锦衣夜行。其实人的一生是为自己活的，所以如果太过在意他人的眼光，就不会留给自己一个美丽的人生。而且大多数的为人高调者，都会有嚣张跋扈、爱慕虚荣、目空一切的缺点；但为人低调者，却是谦让和气、宽容优雅、仪态万千。低调不等于懦弱，高调也不等同强势，一个外柔内刚的人远比色厉内荏的人厉害得多，在这个日渐纷杂的世界上，低调才能保护你一生和平顺达。

《红楼梦》是我国四大古典名著之一，因为《红楼梦》的魅力深远，很多人甚至都把它奉为名著之首，如今它的影响力愈大，已经遍布于全世界。《红楼梦》中最让人津津乐道的，是作者刻画了形形色色的脂粉英雄，她们争奇斗艳，实为一道道难忘的风景。可是其中很多美女虽然一生光鲜照人，高调跋扈，然而结局却十分凄凉，比如王熙凤。不过，在大观园的脂粉堆里，有一个女子虽一生平淡无奇，但人生结局却要比王熙凤等人强上许多，她就是王熙凤的贴身陪嫁丫头——平儿。在这个行将就木的封建大家族中，按理说她的命运是可怜的，甚至是可悲的，而且伴着王熙凤这样厉害的人，如果有一点差池恐怕早就被淘汰出局了。但平儿不仅没有在王熙凤悲惨离世后黯然退出大观园，反倒在勾心斗角的后期生活中照样游刃有余。所以，这个不太光鲜的小人物在人生中悄悄地唱起了主角，这全都是因为她的低调做人方式，平儿很有自知之明和知人之明，她不会轻易地冒犯谁，也不会随便地逢迎谁。她知道王熙凤过于泼辣霸道的作风难免会遭人嫉恨，所以她在平时生活中处处忍让着凤姐，包容凤姐的过失和暴躁，喜怒不形于色，一直低调地匍匐前行着。这样的女人也许在过去来看，并不是什么耀眼的人物，也不是什么精彩的人物，可是如今来看，她真的是一个货真价实的聪明女人，平儿的一生平安不是靠屈服和忍让得到的，而是用自己的低调智慧来斡旋众人得来的，这才是人生的大智慧。

低调的女人会用平常心来看待世事，她不会盲目地被男人抛来抛去，也不会为了生活而低三下四，这样的女人看起来木讷，其实却内秀于心，任谁都不能小看了她，否则就会付出惨痛的代价。人生在世，就要保持一颗平常心，凡事都是经历，一切都是为了成就自己，所以无需蛮不讲理地争夺和吵闹，我们要做的是接受这一切，在低调中体会幸福或悲伤，用属于自己的专属时间来消化这些故事，从中找到过去失败的经验和未来成长的营养。

关于低调这个特质，相对男人而言，女人更加需要。女人想要在现实生活中有所成就，就一定要改变他人对于你的固有印象，你要做到不喧闹、不造作、不强出风头、不无病呻吟，这样才能一点点地把自己的才华积淀出来。同时也要懂得藏拙，“木秀于林，风必摧之”这句话如果有一天你能明白了，证明你真正地长大了。

总有一些这样的人，他们在许多人眼里已经是一个成功人士了，但是他们却在衣食住行方面非常节俭，并不奢靡，很多人对此都感到很疑惑不解。这种行为，不就等于项羽所说的“锦衣夜行”

吗？殊不知，正是因为低调才成就了他的事业。厚积薄发永远比薄积厚发好得多，一个女人如果低调谦恭，就会给人一种优雅贤淑的感觉，欲成事者必先修炼宽容的心，这样才能服人，也才是立世之根本。

亦舒放弃香港繁华热闹的名作家生活，一家人移民到寂静的加拿大，过着几乎是隐姓埋名的生活。虽少与人接触，但思想尖锐，充满现代时尚气息的作品却一部部地问世。因一部纯情小说《山楂树之恋》而知名的艾米，也没有因为出了名便抛头露面，依然低调地做她的隐身人，过着往日自由自在的平静日子。还有因《杜拉拉升职记》而一炮打响的作者李可，出名以后也依然低调地生活着，并没有改变原有的生活轨迹。这些女人让人钦佩，她们的风度、修养、品格、胸襟让人赞叹，当然只是因为这样的积淀，才能让她们有如此多的好作品诞生。这是一种积累，就像培养一棵树，只有根基牢固，才能枝繁叶茂，才能硕果累累。低调的女人如水，她们能轻松地融入到人群中，也能以这样的软性方式来保护自己，保护自己的生活，然后在不知不觉间就会在悄然中有所成就。

阿月是一个闪耀的女孩，她的闪耀不只是因为她长得很漂亮，也因为她有着让人羡慕的工作和家庭。阿月的父母都是从商的成功人士，家产颇丰，但是阿月却不愿意在家里享福，而是出来跟普通人一样工作。她不是北京人，但在北京上的学，然后就跟普通的学生一样毕业、租房、找工作。相比很多女孩来说，她少了一些埋怨，也少了一些装饰，看起来就像一个不染尘埃的学生，虽然如今她已经工作五六年了。阿月最漂亮的就是眼睛，看起来是那样的纯净，不染尘埃的仿佛可以融化万千忧伤，所以她的朋友一直很多。随和又温柔的她对于工作十分努力，虽然公司很多男士都表达了对她的爱慕，但是她却很少会答应谁的饭约，就这样慢慢地成了一个有口皆碑的“女神”。后来成为公司里的主管，她还是那样低调，甚至很多人都看不出她有一点架子和脾气，她把自己的锋芒都用在了工作上。后来大家才知道，原来阿月不仅在工作中表现出色，同时还是一个成功的淘宝店主，也是一个小有名气的编剧，这个低调的女人原来是这样的丰富多彩，她的低调和多才使她在毕业短短的五年内就为她完成了很多人不敢期冀的梦想，那就是在北京买了车、买了房，当然她没有找家人要过一分钱，这就更加让人佩服。

低调意味着一种自信，自信就是力量，自信就是勇气，自信可以使人消除烦恼，自信可以使人摆脱困境。有了自信，生活将充满了无限光明。低调是一种修养、一种理念，一种至高的精神境界。只有懂得低调做人的人，才能在社会的舞台上演好每一个角色，才能在人生的旅程中走好每一段路。低调的女人知性优雅，简约时尚。低调的女人更有品位，更有内涵，也更成熟。

低调做女人，有时对待别人的恶意中伤也无需还击，这并不是懦弱，而是一种无声的嘲讽和容纳。没有人会对一个对自己的中伤爱答不理的人继续冒犯，不是因为害怕，而是因为无趣，他们会觉得这样很没有意思，就像全力的一拳打在了水上一样，只能闪着自己的腰，而不可能伤害水一毫。

做人要成熟，在这个欲望横流的现代社会更需要清醒和成熟，而成熟的一大表现就是低调。为人处世的一大素质就是低调和谦恭，只有这样你才能成为一个磁场，让很多人都不由自主地被你吸引，然后为你出力。女人就是向日葵，种子还没有饱满的时候，她长得比整个菜园里的菜都要高，而且每天都追随着太阳，一直都是高昂着头。可是，在她真正成熟了之后，就会低下那高傲的头颅，这就是因为她成熟了、充实了，她不再是那个唯恐自己不够闪耀的带有明星梦的小女孩，她已经成为了一个充满人生智慧的大女人。

低调的女人通常都会有一个高调的人生，因为她们的智慧会让她们的人生升华。女人做人可以低调谦恭，做事可以高调自信，这是一个积累与爆发的关系，切不可本末倒置。从现在起，就让我们沉稳下来，低调下来，默默地敲开自己的心房，找到那个最真的自己吧。

3.吸引他人不如改变自己

女人都想让自己光彩照人，更想让自己能够吸引很多人，成为万人迷。可是很多时候，这是一种很肤浅的行为。这是因为本来这种行为就是很幼稚的，它并不能给以女人真正想要的那种成就感和满足感，所以我们需要通过其他方式来让自己得到满足感，也就是吸引自己。

致力于吸引他人的女人是苍白的，懂得改变自己的女人才是明智的，吸引他人是为了满足自己的虚荣心，而改变自己是规划自己对人生的轨迹。当一个女人通过这种吸引自己的方式来暗示自己的时候，她就会变得更好，变得日臻完美，也就会不知不觉地吸引他人。而一味想着如何取悦和吸引他人的女人只能让自己越来越盲目，就像一块矿田，一味的开采，终有一天会把所有的矿藏采尽。

那么怎样才能改变自己呢？可以采用积极的心理暗示法，也就是明确自己所想要的是什么，然后为之奋斗，在你的潜意识里对自己下命令让自己去做。心理暗示是人类独有的高级情感方式，如果你的心理暗示是积极向上的，那么你就会在这种积极中让自己脱胎换骨，最终有所改变，有所成就。

人只有不断地适应这个变幻不停的世界，才能真正融入到这个世界里去。当然，我们所改变的是形，而不是骨，骨是你的灵魂和脾性，这是很难改变的，但是你可以在现实与理想的矛盾中找到一个中和点，让你的形可以融到这片世界中。很多女人会埋怨自己越来越没有魅力了，她们觉得自己的生活非常干瘪，这样的自己别说吸引他人了，甚至连吸引自己都很难。这时候，你就需要改变了，否则你会在这样“无聊枯燥”的生活中耗费掉自己的全部热情和意气，慢慢的苍老、枯萎。改变可以让一个女人实现自己的价值，也可以让她在改变的过程中了解自己生命的真正意义，也就能让自己的人生更加充实。

琳达不到三十岁就成为了一家企业的部门经理，以她的这个年龄来看，她算得上是精明强干了。琳达从来不乏追求者，因为她的思维一直都很活跃，同时长的也算清秀。后来，她与她的上司发生了恋情，他们俩爱得风风火火、如胶似漆，一年后就幸福洋溢地走向了婚姻的殿堂。琳达的老公是一个温柔的男人，他心疼自己的妻子，于是就让琳达辞了工作，安心的在家享受生活。于是琳达从此就成了一个家庭主妇，每天的生活都让她感觉很轻松和惬意，这时的她觉得很幸福。但是时间久了，她才觉得这种清闲的状态也很无聊，直到她有了自己的孩子之后，才算是有了点精彩。由于经常在家呆着，琳达也开始疏于打理自己，也懒得多动脑，她那曾经犀利的思想慢慢地开始转移，变得有些神经质。这时的她再也没有心思去规划自己的人生了，她如今只是在每天混日子而已，她不再化妆，也不再保持自己的身材，同时也爱上了看泡沫剧、吃零食、打麻将……在儿子5岁的时候，琳达已经从原本的骨感美人变成了一个体重140斤的贵妇了，这时候的她像极了一个颓废的中年妇女，但是她才三十多岁，正该是女人风华正茂的时刻。虽然她的生活也算幸福，但是她却迷失了自己，也没想着怎样去改变这样平淡的生活。琳达不再关心丈夫的饮食起居，也不会刻意说些激励丈夫的话，相反的是偶尔丈夫还要忍受她的无理取闹。这样的情况变得越来越严重，夫妻开始了漫无边际的争吵。最终琳达难以忍受了，她的丈夫却比她还难忍受，他伤心地说："琳达，我曾经很爱很爱你。但是现在我们离婚吧，我发现如今跟你没有一点共同语言，我们已经无法生活在一起了。"琳达大声地吼道："离就离，谁怕谁啊！"这时，她的丈夫一声不吭地走出了家门。如今的琳达是一个离过婚的单身女子，她失去了家庭，变得一无所有。她后悔了，后悔自己那几年是那么安于现状、不思进取，同时也不知道珍惜爱自己的丈夫和听自己话的儿子，还能回得去重新生活吗？她没有信心，对于未来，她也失去了信心。

在琳达的故事中，我们其实可以看到很多女人的影子，一旦结了婚，有了老公和孩子，生活稳定后，她们就会少了进取之心。在不变的生活中对自己不再有要求，也放纵起来，每天躲在自己的安乐窝中浪费年华和智慧。大多数的男人对于养老婆孩子都没有怨言，但是很多婚后女子却会这样抱怨："我真是付出了太多了，每天为了老公和孩子操心，围着他们转啊转，洗衣服做饭什么事情都是我自己做，他们还说我乏味无趣，我真是命苦啊。"可亲爱的女人们，我们的生活可不仅仅是老公和孩子，也不仅仅是家务，我们在充实了一家人的生活之后，还需要充实自己的心灵。无论是居家的，还是婚后依然上班的女人都容易因为有了依靠而变得不再那么进取，这当然是因为女人天生就比男人要对家庭负责的原因，这是优点，但是却也可能是导致自己心态失衡的原因。一来二去，三点一线充斥了你的生活，一日三餐麻木了你的思想，你也就不再懂得改变。让自己一直在这样的不惊不喜中度过平静的日子，可能你会变得安静沉稳，也可能变得怨声载道，甚至可能变得麻木不堪、失去激情。一旦到了这种境地，你自己恐怕也忘了曾经的自己是什么样了于是夫妻之间的问题就会出现，两个人互相之间都会觉得对方变了，如果再碰巧两人里没有一个人肯让步，那么问题就会放大，最终影响到家庭的和睦。

当然，除了在家庭生活之中，在平时的工作生活中也需要我们积极的改变心态，改变自己，这样才能让自己发现生活之美，生命之美。平静的环境虽然安全又舒适，但是却很容易像“温水煮青蛙”里的青蛙，渐渐忘了生活的技能。很多时候平静的背后就是波涛暗涌，而我们要想自己能够轻松的驾驭这些变故，就要让自己的大脑永远不停止思考，善于随着时光的流逝而改变，只有如此做，才能成为自己人生的胜者。

二十多岁的女孩正该是如花一般灿烂的年纪，但是lily却不是，虽然她的名字是百合花，但是她却一点都没有花的样子，这并不是因为她不够漂亮，而是因为她很悲观，她时常在生活中感到失落，时常在感情中感到绝望。lily是一个小企业的普通员工，她没有什么太过人的地方，所以也没人注意到她，因为性格的腼腆，所以她的朋友也不是很多。小职员的收入不高，所以她只能住在廉价的隔断出租屋里，每天忍受着各种人的吵吵闹闹。这一切的一切都让她对生活感到绝望，每天都唉声叹气。但她也不是全无爱好，她唯一的一点乐趣是看一个女作家的书，她是她的忠实书迷，这位作家的作品无不唯美激情，处处都是生机，这倒成了安慰lily生活的一点良药。虽然在看书的时候，她感到身心都得到了放松，但是一本看完之后，合上书的那一刻她还是一样的悲观。

没过多久，这个女作家就要来到她所在的城市开签售会，一向都怕羞又腼腆的她决定去参加这个活动。那一天，她终于鼓起勇气去见了她的偶像，或者说是她生活的良师，lily找她要了签名，也买了她的新书，同时交给了作家一封信。lily也不知道为什么，她就是想把自己的苦恼告诉这个大姐姐，那个一直和气的微笑给了她勇气，lily把自己的苦恼和忧愁都写在了信上。lily没有想到这个作家真的给她回信了，信里这样说道："看到你的来信，我首先感到非常高兴，继而感到很心痛。首先我为自己的作品成为别人的精神支柱而高兴，心痛的是喜爱我的读者竟然是一个悲观的年轻人。你如此年轻，理应拥有更多的灿烂和美丽，你不该经常想到绝望、死之类的字眼！而且你的生活也不像你想象的那么糟，只是太缺少激情和变化。如果我是你，我会从明天开始改变自己，我会用上个月的薪水买上漂亮的窗帘和地毯，把自己的小窝装饰一遍；然后再买盆栽、买茶具，努力与同事成为朋友，这样就不会再感到孤独，平时再邀请他们来到家里做客……"作家就像一个大姐姐一样，推心置腹地跟她说了很多很多。lily的眼眶湿润了，从这一刻起，她终于决定了要改变自己的生活，她不仅买了漂亮的窗帘和家具来装饰自己的小窝，也开始化妆了，为了让自己变得自信，同时也试着开始邀请几个平时与她关系还不错的同事来到家里做客，也试着与她们谈笑……半年之后，lily变了，变得富有朝气，同时也神采飞扬，她的那些同事也成了她的好闺蜜，平时就一起吃饭、逛街、看电影，这让她感觉很快乐，很幸福。同时，那个公司里最出色的小伙子也主动接近她，想让她成为他的女朋友……lily的一切都被改变了。

所以说，女人的一生都需要在自己积极的改变中一路向前，切不可因为一时的烦恼就放弃了晴朗的生活，更不能因为目前的安逸而使自己的生活一成不变，然后慢慢地使自己对生活失去兴趣。我们要做的是主动寻求积极的变化机会，而不是让平淡把你的生活碾碎，平淡或许只是生活的表面，可如果我们不改变自己的心态，那么我们就会永远觉得生活是那么平淡无味，让人厌烦。

我们要记住，这个世界的普遍规则是优胜劣汰，要么你顺着它的潮流改变自己，要么就修炼一颗坚固的心不为外物所动。很多女人在享有一定资源的时候，就会感到舍不得，这就是女人为什么比男人恋旧的原因之一，女人们怕自己改变后失去这些自己珍视的东西，但是往往在一成不变的沉闷生活中就会磨蚀掉自己那双发现美好的眼睛，到时候只会失去更多。

一个女人，一生要经历很多不同的阶段，从女孩到女人，从主妇到母亲，这些都是我们无法摆脱的事情。所以，我们不可能一直以一个小女孩的心态来面对这些不同的身份，只能情愿或不情愿地接受改变，身份、年龄、心理因素都会影响我们对事物的判断，我们必须要跟随不同的时间来改变自己的心态和应对方式。命运的主动权永远都在我们自己的手上，并非他人所给以，作为一个新时代的女人，我们要修炼的东西还有很多，但是唯一不能忘掉的事情就是要把改变自我放到首位，让自己在不同的时期有着不同的美丽和生存智慧，这才是我们应该做的。

4.倚靠他人不如倚靠自己

在这个时代，很多人都离开了家乡在外漂泊，无依无靠，就像一尾蓬草，随风飘荡无处安息。倚靠，是一个温暖的词语，对这些人来说，能有一个靠得住的倚靠是多么幸福的事情。然而人与人之间的关系在这个时代已经不再像过去那么单纯，也少了很多的人情味，人情冷淡是这个时代最大的弊病。有人这样形容过现代的人际关系：我们都像跋涉在雪地里的旅人，在有同伴的时候还能互相拥抱取暖，可是却越走人越少，最后只剩下自己坐在雪地里看着茫茫无际的苍白，天地俱老。

有这种感想的一般以女性居多，她们都会有一种强迫性的对不安的自我催眠。女人天生就缺少安全感，这并非是因为女性软弱，而是多愁善感所致，她们害怕失去，她们害怕孤独，她们害怕一切难以控制的东西。于是，我们就会看到很多女人的一生都是在父母、丈夫、孩子的庇护下走完的……当然，这些都是良性倚靠，如果要是因为惯性而发展成恶性倚靠就会有种种坏事降临。我们经常可以听到女人们这样声泪俱下的诉苦：怎样与男人一起艰难创业，如何省吃俭用，如何为了家庭而牺牲了自己，她只能倚靠这个男人生活了，但是男人翅膀硬了，有了一定积蓄，自己却已经人老珠黄，于是便开始了与老公的捉迷藏游戏，开始了与“小三”的斗智斗勇……这就是一个中国现代女人最常见的生活模式，这种就是由于女人太过倚靠男人而形成的恶性倚靠。爱一个人可以，但是却不能因此把自己的生活权力一并也交给他，爱不能是绝对的倚靠和放弃自我，这只能得不偿失。

有的女人为了爱情，辞去了工作，天天窝在家里，只围着老公、孩子、家务转，这时她的生活已经变得没了什么色彩。于是便开始变得敏感多疑，而男人也会因此背负更大的责任和压力。除了跟老公，也有一些女人十分倚靠父母，她是父母的掌上明珠，只要父母活着的一天，她就做一天公主，她会倚靠父母来学习、工作、结婚……一旦有一天，父母老去了，不在了，她们就会发现自己竟然什么都不会做，甚至连如何面对生活都不知道。

其实每个人都是一个独立的个体，都该有自己独立的人生，独立的思想。女人也不该因为自身条件的束缚就心甘情愿地接受他人的“给以”。你要知道，无论什么时候，倚靠他人不如倚靠自己，无论到什么时候，能陪你到永远的只有你自己。

刘曦从小学习成就就好，高考时不出意外地考入了一所国内的名牌大学。在她大学毕业之后因为一直表现出色，被学校保送读了研究生，她的前半生可以说是一帆风顺。可是，在她读研后，却赶上了研究生难就业的大潮。虽然，刘曦的自身素质足以让她在一个普通的工作中出类拔萃，但是这个骄傲的女孩不愿意这样屈从。就这样，她毕业即失业，在家里整整休息了一年。她的父亲是一个退休的老干部，一直想通过关系来帮她在国家机关寻一个出路，虽然这类工作没什么激情，但是却一生都有保障。两个老人开始轮番对她进行劝导，可是刘曦却不为所动，她委婉地对父母说自己并不喜欢那种生活，希望他们不要勉强自己，而且自己也不想事事都靠父母的庇护。一来二去，两个老人对她都很失望，说她不思进取、读书读傻了……

刘曦虽然很伤心，但是却并没有因此与父母争吵，相反的是，她在家赋闲的这段时间里，还是在不停的学习和充实自己，她一直在寻找一个自己创业的机会。没多久她就在城外的郊区承包了一个小型的养牛场。大多数的人都对刘曦的选择感到很疑惑，一个年纪轻轻的漂亮女孩竟然不喜欢城市的机关生活，而去了郊区那么辛苦的创业，大家推测她一定是为了离开家才这样做的。五年之后，这个刚刚三十岁的女人就打造出了自己的几千万资产，同时也创立了属于自己的牛奶品牌。她的奶制品产业链渗透到了很多中小城市，她要把自己的品牌做到大城市的每一个超市里面。有人问她，为什么当时拒绝了父母和亲戚的帮助，是不是早就对自己创业有了想法，而且已经预见了自己会如此成功。她说，怎么可能呢？我觉得作为一个女人，不该总被人看做“扶贫救助”的对象，既然我可以靠自己，为什么要靠别人？况且只有这样才能找到自己的生存价值。

女人要活出自己的精气神来，要活出自己的味道来，我们不需靠任何人，我们自己也可以成为一个成功者。女人不该是从属于任何人的角色，不该是他人生活的点缀，而应该是核心。女人可以兼顾家庭，但是却不能放弃事业；女人可以外表美丽，也要不断充实内心。我们不一定非要成为男人背后的女人，适当的时候我们也需要走到台前来，让这个世界为我们点亮一盏镁光灯。虽然我们不提倡大家都成为女强人，但是我们却可以做强女人。

一个女人如何才能从那种倚靠别人的心态转变成倚靠自己呢？怎样才能拥有自己的一片蓝天呢？首先，我们要做到拥有自己的心灵空间，也就是说要有自己的独立思想。虽然女人白天要交给工作，晚上要交给家庭，但是却不能因为这种忙碌就忘记了自己的心。当你有一天突然觉得每一天都留在了公司和家的时候，那么就意味你的生活已经出现了严重的问题。你马上会发现许多的问题将会接踵而至，让你难以招架。因此女人不能没有自己的个性，也不能失去自己的性格和思想。

另外，女人还要有自己谋生的手段，这是因为女人的倚靠往往来自经济倚靠。女人在找另一半的时候，很多时候都会在意对方的经济状况，这并不能说女人都是势利眼，而是在这个时代里很多人本身就很缺乏安全感，金钱恰恰能在某些方面满足她们所寻求的感受。可是这却容易让女人沦为男人身边的花瓶，也容易让女人把自己的一生都维系在这个男人的身上，这种选择无疑是错误的。男人不是长期饭票，谁都无法保证谁能一生不变，所以你一定要给自己的生活留有后路，而自立就是你的后路。况且男人也都喜欢自己的女人是他无法一手掌握的，这样才会得到他的敬重，也可以维护你们的感情。

不要把自己的爱全部交付出去，要留下一部分给自己。只有懂得自爱的女人，才能得到他人毫不吝惜的爱。一个女人如果连自己都不爱，她还可能爱他人吗？恐怕在这种女人的心里，一切都是游戏，一切都是冲动的结果，所以她只会遭人嫌弃。

雨竹是一个忙碌的现代职业女性，每一天都在工作中殚精竭虑，同时生活中也锱铢必较，这让她在35岁的年纪里就显得十分苍老。有一次，她到上海出差，在上海工作的大学时代的闺蜜请她喝茶，同时在场的另一位女士引起了她的注意。雨竹感觉这个女人年纪很小，看起来神采奕奕的，非常漂亮，同时又很平易近人。然后她的朋友给她介绍说，这个女人还比雨竹大5岁，这让她很吃惊。雨竹悄悄地对自己的朋友说："这些年啊，我为了老公、孩子、家事、工作一直不停的操心，以前觉得这代表了自己的精明和能干，现在我才明白是对自己的惩罚啊。”

在家庭中，女人也需要拥有自己独立的人格和独立的爱，这都是自己面对一切的重要倚靠。无论什么都不是你付出全部的原因，爱情不是生命的全部，金钱不是生命的全部，你的生命多彩得很，怎能如此局限？珍爱自己吧，你要走的路还有很长。你可以试着在每天的生活和工作之余留给自己一点个人时间，在这段时间里你不去处理任何烦心的事，只是让自己自由一下。你可以看看喜爱的书，可以听听喜欢的音乐，也可以玩玩喜欢的游戏，让自己随意一些，这是对自己的一种关爱，这一小段时间是专属于你自己的，所以你会感觉惬意和自在，你的精神也会得到放松。我们总有一天会失去青春和美貌，但是年华却留给我们一些难以带走的沉淀，专属于你自己的东西越多，你的一生才会过得越有质量。

女人，热爱事业，关爱老公和孩子，孝敬老人，这些都没有错，但是你无论什么时候都不能忘了善待自己，你自己才是你最可靠的倚靠。经济独立能够让你活得潇洒，不受他人束缚；精神独立能够让你更加坚强，不再无休止的需要他人的关怀。其实一切都会过去，只有自己会留下来，所以人一定要靠自己，用自己的努力来换取未来。

我们看过了太多的关于灰姑娘的故事，在电视里也见到了太多的“王子与公主”的传奇，这导致了现代女性对于“嫁个有钱人”的信条十分推崇，也就是说很多女人都在主动的寻找倚靠。可是她们也许不知道，有钱男人选中的你，或许只是因为你的外貌而已，他们会真正的关心你的内心世界吗？恐怕很难，说句难听的话，谁愿意去了解一个花瓶的想法呢。你如果总是绞尽脑汁地去想要如何嫁给一个有钱的男人，那么你的婚姻在最初的出发点就有着本质上的错误，这样的你十有八九不会找到人生中真正的幸福。

我们要明白，婚姻不是为了找倚靠，而是找幸福！什么是婚姻里的幸福？他会天天想着你，他会想着法子的逗你笑，他会用他不多的甜言蜜语中汇集出那句我爱你，他会在天冷的时候抱着你走，他会在你累的时候给你肩膀……这还不够吗？或许岁月能熬出金钱，但是却难以把两个无爱的人熬出爱。况且，人生一世，没有真爱是不是一种悲哀呢？虽然你可能说，一个男人没车没房，我为什么嫁给他呢？可是你找的那种婚姻恐怕是你与金钱结的婚，而不是这个男人吧，这是对你们婚姻的最大讽刺。女人要找的婚姻是幸福，是那种相濡以沫的爱，是那种同甘共苦的爱，而不是一生不愁吃穿的倚靠。

女人，你是坚强的天使，你是生命的主宰，你不需要他人施舍的幸福！你无需对那些可以倚靠的人抱有太多的幻想，毕竟他不是你，无法给予你所想要的一切，所以你要靠自己。你要让自己的梦想指引生活的道路，你要让自己的爱带来真正的爱人，你的人生需要真实的经历来填补，而不是金山银山，也不是海誓山盟。

5.屏蔽刺耳的外界评价

对于外界的声音，每个人都是非常在乎的，只是有的人只喜欢听恭维的话，有的人只喜欢听批评的话，但是不能否认的是，我们每个人都很容易受到外界的影响。虽然在平时的生活中，我们遇到的影响大局、事关重大的事情并不多，但有时候就是一些鸡毛蒜皮的小事和舆论却能把一个人彻底改变。

女人对于舆论和外界评价要比男人更为在意，这主要是因为大多数的女人都“面子嫩”，她们虽然不见得非要自己如何优秀，但是却不想被他人当做攻击和嘲笑的目标，这是她们所不能忍受的。很多时候能让人心理产生大波动的往往不是夸赞，而是批评，有时甚至是那种毫无理由的批评，这种情况下就很容易让女人陷入一个怪圈中，让她对自己产生怀疑，最终极可能就带来自卑自闭的心理，从而影响到日后的生活。

李媛本来是一个乐观开朗的女孩，来到城市工作后常常被人嘲笑是个“土包子”，对些她并没太在意。

后来她进入了一家日本企业工作，这家企业的规模在整个华北地区都称得上首屈一指，她完全是凭借名牌大学毕业和自身能力才跻身于此的，所以在本质上就与一些“降落伞”有所不同。李媛在上大学的时候就是一个开朗热情的女孩，经常充当班级领导的角色，很多同学也都和她的关系不错。可是，在日企工作的一年时间让李媛变得不再开朗，也不再那么利落，反而变得畏首畏尾，说话也开始闪烁其词，这种不自信的表现让人感觉过去的李媛不见了。

这是为什么呢？原来李媛因为个人实力出色，直接就当上了一名主管，但是她在主管中的威望是最小的，再加上她没有其他主管打扮得光鲜亮丽，于是就在这个竞争激烈的环境中落了下风，其中一些人开始排斥她。也许看到这有些朋友们都不解，为什么他们会排斥李媛呢？其实这也并非是因为她的长相、打扮、性格有什么问题，想要融入一个圈子是不容易的。

有几次李媛作为部门的发言人上台演讲，虽然前排的几个大领导都显得很郑重，眼神中也不乏对她的鼓励，但是其余的人都在台下叽叽喳喳地说话，还有几个人在小声嘲讽她，这让她很难过，于是她匆匆讲完就下了台。回到家里，一向坚强的她哭了起来，她感到很委屈，她知道这些人就是看表面的人，要想让他们闭嘴，就不能让自己显得太过寒酸。于是她就到了大商场去看名牌衣服，看着那些琳琅满目的漂亮衣服，她幻想着穿在自己身上的样子，但是却无法实施，因为这个月的工资还没有发，她只能悻悻地回家。从此以后，李媛在公司的日子越发难过起来。这时的李媛对自己的生活感到了绝望，她很多事都能看得开，但是却无法不在意这么多同事对她的白眼和嘲讽，有时候她做梦都会梦见那些穿着一流品牌服饰的同事们对她指手画脚。

李媛知道自己就是一个丑小鸭，她误入了天鹅群中，这让她毁掉了曾经最引以为傲的东西。她每天眼看着这些女人在她的眼前花枝招展，她们不仅服饰漂亮，而且所用的香水也都是名牌。在这些女人闲来无事的交谈中，除了老公孩子，就是服饰化妆了，她们都会刻意的疏离李媛，这让她感到非常难过。这些原因，已经深深地影响到了她的生活和工作。

这些经历让李媛改变了，让她变得更加自卑和自闭。这就是外界对于一个人的影响，嘲笑和批评会让一个意志还算坚定的人改变，变得不再认识自己，变得找不到生活的意义。她们会害怕接触他人的优点，也会害怕面对自己的缺点，于是就会变得神经质，忧郁、敏感、多疑、焦虑一系列负面情绪便会驱之不散。

所以说，女人想要快乐地生活，就要选择屏蔽他人的恶意批评。有些时候，人还是要活得故我一点，不要太过在意他人的评论，谁爱说就任她去说，要明白这并不能对我们造成什么实质性的伤害，一旦在意了，才会真正对自己造成伤害。世界上大多数不能走出生活困境的人都是因为无法正视这些负面的问题，也太过在意他人对于自己的看法，这其实是一种信心不足的表现。这类人往往在表面表现得大大咧咧，什么都满不在乎，但是她们的内心却是敏感得像是一片湖水，一阵轻风便会涟漪阵阵，也像那脆弱的水晶，轻轻一摔就破碎了。

如果自己都不相信自己，那么还能指望他人相信你吗？自卑到了一定程度，就会让一个人不能正视自己，其实你并不一定有多少缺陷和短处，只是因为不能勇敢地接纳自己，久而久之，就会让自己陷入不可自拔的痛苦漩涡中。

人都是一样，谁都无法那么轻易地忘却他人的舆论，但是我们如果想要活得更轻松一些，快乐一些，就要选择性地忽视这些东西。

千里之堤，毁于蚁穴，有时我们不要太在意那些流言蜚语，如果你把它们放大到能够影响到自己，那么你的生活就无法再回到正确的道路上来了。女性朋友们，我们要坚定自己，也要对自己有信心，你要知道，没有什么东西比你自己更重要。你不是不美，只是你的自卑才让你不美；你不是没有才干，只是你把它给埋没了。有时候，这些事情只是让你的生活走到崩溃的导火索，你不能任由它点燃，你该相信自己的一切，上天赐予你的身躯和智慧，不是他人能那么容易看透的，否则怎么有一句话说："这个世界上谁也不能真正了解谁"。因此，女人们，你要做的就是开心地度过每一个美丽的日子，如果有一天能让自信的笑容时时挂在脸上，那么你就是最美丽的女人。

6.勇敢坚定地面对生活

如此漫长的人生总是避免不了磕磕碰碰，所以我们不能因为一时的痛苦就否定了它原来的光彩，更不能自暴自弃，自艾自怜。女人是上天赐予人间的礼物，她们娇艳，她们美丽，她们充满了生命的气息，所以我们不能因为挫折和困顿就打碎自己本来的完美，让悲伤笼罩自己，让痛苦铺满人生。

一辈子太长，总会有不能控制的意外发生，所以我们会遭遇各种各样的意外来袭，但是这些却都是人生的点缀和插曲，一个完全没有意外的平淡人生，是不是也显得很乏味无趣呢？今天的痛苦或许正是你明天的回忆，它会教给你坚强和不妥协，只有积极的心态和顽强的自己才能让你主宰自己的人生，而不是被那些负面的情绪统治了你的生活。

女人该像那向阳花一样，无论风雨多么凛冽，都顽强地向着太阳的方向；女人也该像那爬山虎一样，总是向着高处攀爬，穿过所有障碍，布满整个墙壁，在越陡峭的山壁上生长得越快，最终留下一片翠绿。我们如果想要获得快乐和幸福，就不能拒绝悲苦的洗礼，一个不能熬过痛苦的人怎能有资格享受最美的幸福呢？苦难和折磨只是你奔向灿烂的垫脚石，没有这些注脚再多的美也不够绚烂，所以我们要拿出更多的勇气和信心，一一将它们征服。

20世纪30年代，上海锦江大饭店堪称中国最大的饭店，它的创始人就是一个头脑敏捷、精明强干的女人，她的名字叫做董竹君。董竹君出生在上海的一个很普通，甚至有些贫穷的家庭中，她的父亲是一个黄包车车夫，母亲是一个零工，他们只有每天不停地劳动才能盘活这个不算小的家庭，因为竹君还有一个弟弟和一个妹妹。在她12岁那年，为了生计，无计可施的父母只能把她卖到了艺馆，当时的艺馆名义上是为给有钱人家表演歌舞，实际上却很可能只是一种卖身的掩饰。她的父母当然不可能不懂，他们挥着泪将小竹君送到了魔窟里，只为了换取那微薄的几锭小钱来养活更小的孩子们。董竹君在这里面学得很快，十八岁的时候，她的弹奏和演唱功力就已经有了大家风范，于是艺馆就为她单独开设了一个台子，只供她一人使用。她弹奏的技法娴熟，歌声又很甜蜜婉转，同时人又很漂亮，于是没多久她就成了艺馆的头牌红人，很多达官贵族都以听一曲董竹君为耀。虽然她的生活有了很大的改善，但是却也离危险越来越近。

所幸的是，在董竹君一次出去卖场的时候，她认识了一个先进的革命青年，他们一见钟情。这个年轻人了解了她的身世，也了解了她现在所处的危险，所以就决定不让她再这样下去，他想要用钱将董竹君赎出去。可是董竹君却是一个很要强的女人，她不想自己欠他这么大的一个人情，于是她就选择了自己逃出艺馆。要知道，在那个年代，一个逃跑的歌女一旦被抓回来很可能会被无情地打死，可是她还是坚定地逃了出来，嫁给了这个青年。他们一路逃亡，一直跑到了这个男子的老家四川，生活渐渐安定了下来后，他们生了五个孩子。这样看来，好像一切都开始向好的方向发展了，可是这时他们夫妻之间又出现了问题。因为这个男人是一个破落的贵族子弟，所以他并没有什么实际的生活技能。他早年是一个追求进步的革命派，但是却因为官场的不得意而终日郁郁寡欢，如今的他颓废又消沉，这让要强的董竹君无可奈何。最后，她只能自己找办法来养活这个家。最初她用很少的一笔资金盘下了一个旧仓库，开了一家毛袜厂，每天带着几个工人不停地做工，晚上还要自己拿腌好的泡菜出去卖，以便维持家计。但是她的丈夫却染上了吸食鸦片的恶习，董竹君对此实在无法忍受，于是她在几番犹豫后，终于毅然决然的选择了与丈夫离婚。就这样，一个弱女子离开了家，带着五个儿女重回上海滩，靠那几年的一点积蓄开了一个小饭店。

她的邻居街坊都认为她一个女人带着五个孩子在上海根本就生活不下去，可是她自己却从来没有这么想过，她始终认为自己经过了那么多惊心动魄，现在这样的困难不可能击倒她。在她的苦心经营之下，这家饭店越做越大，最终成了上海滩上最著名的饭店。同时，因为她的教女有方，她的五个儿女无一不是人中翘楚，其中不乏音乐家、学者。

在董竹君身上，我们没有看到一点屈从于命运的模样，她的身上永远有着一种积极向上、永不服输的精神。她不相信凭自己的力量不能改变自己悲剧性的命运，于是她就真的成了自己的救世主，她的所作所为让所有知道她的人都感到震撼。美国人的电影总是会渲染那人激昂的“美国梦”，而董竹君的故事分明就是一部真实版的“中国梦”，她的成就让她成为了现代女性积极生活积极追求幸福的榜样。

任何人都想要幸福和快乐，但是幸福和快乐却不是平白无故从天而降的，首先我们要不屈服，其次我们要努力，最后还需要坚持不懈，只有这些特质全部重合之后，我们才能踏过一切的荆棘和困顿。

生命的不幸无法将一个人杀死，但是一个人内心的绝望却真正能将自己杀死。一个女人，虽然身体上脆弱，但是内心却不该脆弱，应该拥有自己的想法，更应该有一颗坚强的心，一定不要让自己从里到外都像玻璃一样，轻轻一碰就碎掉了。虽然现代社会已经很和谐很安定，一般情况下不会出现那种危及生命的事件，可现代的女人们却好像变得更加敏感更脆弱了，这也算是一个怪现象。有个男人曾这样说："我对妻子的唯一要求就是她的个性要坚定，是一个有自己想法的女人。"他说女人的想法就像六月的天一样捉摸不定，很容易不断因为一些其他的因素犹豫不决。的确，女人要考虑的着实太多，这样的"太多"不仅是固有的还有自加的。比如买件衣服，气色、身材、脸型，搭配，等等，都会被她们列入考虑，仿佛一样巨大的心理工程。所以，由此我们能大概了解现代女人究竟是为了什么而忧郁和悲伤，正是她们的内心不够坚定，买东西只是小事，但是这些小事却能反应出女人的真正内心世界。

个性坚定的女人并不算多见，甚至说是十分少见。这样的女人大多会处于幸福与不幸的两个极端，断不可能凑合地过日子，但是毫无疑问是幸福的居多。有专家认为，职业女性获得成功的前提是：在主观和客观上都不应该过分强调自己是女性，职业角色要求你怎么样，你就得怎么样。但是如果在符合职业角色要求的同时，你又能把你的性别优势用得比较好的话，那就更好了。其实这就是在强调职业女性不能丢弃性别注定的天性。比方说，细心可以让女性在工作之余比较好地体谅你的下属，宽容的一面可以具有更好的人际亲和力，这些都可以使你在做沟通时少一些障碍。

女性是情感动物，在苦干和能力方面，男女没有差别，女性甚至比男性更能忍受痛苦，更有韧性把工作做成。但"职业天花板"的存在，使得在同样的工作水平下，女性晋升的处境就比较艰难。当女性在职场中升至主管或经理，想要继续晋升时，常常就会遭遇女性职业发展的瓶颈。因此，女性想在事业上有所发展，爬到职业阶梯的顶端，在某个领域取得非凡的成就，很可能就要忽略自己的女性身份、放弃做母亲的权利、甚至牺牲家庭幸福，而丢失的和放弃的这些正是女人应有的那份温柔。

现代女性经常会在很多困境中表现得很极端，有人消极面对，有人畏首畏尾，甚至有人为此终结生命。这些都不是正确的解决问题的方式，我们需要的是解决问题，而不是屈服于问题。虽然如今很多女性都接受了先进的现代教育，可是骨子里却还是有很多陈旧的思想，不少人都相信宿命论，她们认为“命由天定”，于是便对人生的一切境遇都采取接受顺从的姿态，即使是不公正的待遇也会忍让和妥协，她们只把自己的命运放在运气上，或者希望遇见一个“拯救者”。这样的女人实在错得不能再错，好运即使真的存在，恐怕也不会落在“悲剧”的她的身上。消极地对待自己，关闭了明天的大门，怎么可能让好运飞来呢？上天无法安排你的人生，你的命运该通过努力得到。

究竟是什么是宿命呢？其实，宿命是看不见摸不着的一个弱者的借口，一个消极的人在用宿命掩饰着自己的失败，有时甚至不由自主地朝着自己的“宿命”靠拢，只为了掩饰自己的软弱。这种思想是不对的，天只懂得阴晴雨雪，它是不会为你安排人生的，你人生的每一步都是要靠自己的一步一步积累的，所以能够改变自己命运的只有你自己。

勇敢坚定的内心是现代女人成就事业、收获幸福的基本要素。想要摆脱命运的捉弄，就要勇敢地挑战它，捉弄它，让它成为你向前奔驰路上的尘土，而不是一堵翻不过的墙。女人是娇柔的花朵，但是娇柔却不等于脆弱，我们不能一碰到风吹雨打就四散飘零，而是应该在每一处水泉和土壤中吸收养分，让自己的根茎更加坚韧，不再惧怕任何狂风暴雨。永远不要放弃自己积极的心态，也不要抛弃勇敢坚定的特质，只有这样才能帮助你度过难关，开辟新的生活。

第二章　宽大和善的温婉之香

1.给所有人一条退路

女人的记忆力要比男人好得多，她们对于很多事情都难以忘怀，无论是好事还是坏事，当然特别是坏事，而且有时候她们还会因此产生想要报复的想法，这无形间就给自己增加了很多烦恼。可是，一旦当一个人开始想要报复的时候，那么她的快乐也就再也无法回到自己身边了。所以，我们没有必要老是记得那些伤害过自己的事，伤害过自己的人，给所有人一条退路，这样阳光才能照耀到我们心里。

有这样一对夫妻，他们已经结婚将近十年，按理说早已经过了经常争吵的时候，可是这两人却不是如此，他们变得更容易发生摩擦了。而且只要在生活中有一点矛盾，妻子就会拿出丈夫八九年前的一次出轨来说事儿，这让她的丈夫很痛苦。其实他们曾经有过一段幸福的甜蜜时光，但是丈夫在一次出差的时候，偶然遇到了曾经的恋人，他难以自控就和这个女人发生了关系。后来丈夫不想让自己的良心一直受到谴责，于是就与妻子坦白了，他原以为妻子会原谅他，但是他想错了，妻子当时就显得很愤怒，此后也一直不肯原谅他，无论他做什么，她也一直没有忘掉这件事。归根结底，丈夫确实曾经是对不起她，所以男人也没法再去辩解什么，所以他只好忍着，希望自己用真心来感化她。可妻子却每每拿这件事跟他抬杠，她只记得丈夫曾经伤害过她，她经常声泪俱下地埋怨丈夫，全家人都只能无奈地看着他们俩的闹剧。

结婚10年纪念日前夕，丈夫提议和妻子出外旅游，顺便重温一下当年他们相识的地点。可他们却因为线路问题产生了分歧，两个人在车里开始了争吵，妻子又提起了当年的那件事，“混蛋，你可别忘了你对我做过什么？现在感觉无法忍受我了对吧？去找你的老情人啊！”丈夫怒气冲冲地回答：“你究竟什么时候才能忘掉这件事？你可不可以不要再提这件事了？我已经跟你承认过很多次错误了！而且，你看不到这些年我对你，对这个家庭是怎样吗？”妻子冷冷地看着他，说：“我又不可能每天都看着你的一举一动，狗改不了吃屎，你可能这么多年再也没犯过错吗？恐怕只是在瞒着我这个傻女人吧？”丈夫无言以对，他重重地叹了一口气，随即将方向盘左转，朝着山路下方就直冲过去，他们两个就这样掉进了悬崖，双双殒命。

总有一些事情是不会那么容易忘怀的，这个可以理解，可是这却不是我们能一直用来惩罚自己与别人的武器。所有的经历只是故事，它们不能再影响今天和明天，不要对过去一直耿耿于怀。宽容和理解是一个女人生存的智慧，只有在过去的错误中你才能发现如今的可贵，某些人某些事都是如此。懂得宽容的女人会收获更多的幸福，因为她的内心是晴朗的，她的生命是开阔的。

我们一生中将会面对许许多多的抉择，有时候不得不对伤害过自己的人说出一些话，究竟是选择告别，还是选择原谅，完全只取决于自己的心态。不过，人不可以对自己做过的事情后悔，如果答应了对方就一定要履行。回忆是幸福的还是痛苦的呢？相信每一个人都会有不同的回答，可是如果我们能放手，让仇恨和烦恼都随着时间烟消云散的话，那么你将来的回忆一定是厚重的。

子瑜是一个不幸的女人，起码她自己是这样认为的。如今的她，因为与丈夫的家人难以相处而选择了与丈夫离婚，又因为自己的性格原因，没有选择带走自己唯一的儿子。子瑜一下子就迷茫了，她都不知道自己的明天究竟该怎么走，虽然她才36岁，可是却仿佛有七八十年的忧愁那样，整天唉声叹气，郁郁寡欢，甚至都失去了生活下去的勇气。有一天，她路过一座寺院，这座寺院并不大，她只看见了一个大师带着几个小和尚在打扫院子。因为没有游人，所以她就想和大师聊一聊，她请教大师："我遇到的不幸实在太多了，我无法释怀。如今我把工作也辞了，我原以为这样我就能轻松下来，可是我觉得怎么都高兴不起来，我究竟该怎么办呢？"大师说："在我告诉你之前，请你帮我一个忙，你先挑两桶水下山，送到山下的村民那里，然后再到山腰那担两桶泉水上来。"子瑜本身就有些瘦弱，再加上最近一段时间的遭遇，让她显得更加脆弱，这一来一回用了很长的时间，她记得她出发的时候是上午，可回到山上却已经是黄昏时分了。气喘吁吁的她对大师说：“您现在可以告诉我答案了吗？”大师对她说：“今天很累了，早点休息吧。明天你再按照这个路线担四桶水回来，然后我们再谈。”子瑜思来想去，虽然有很多怨气，但是她太累了，只好就在寺院里住下休息了。第二天，她早早地就起床去担水了，可是因为她昨天没有休息充足，再加上肩膀已经被扁担磨破了，所以差点晕倒在寺院的门口。大师亲自把她扶了进来，并对她说：“擦去你的眼泪，你现在该懂我的意思了吧。过去就像压在你身上的这几桶水，往事越积越多，已经超过了你能够承受的范围，你还怎么可能继续走路呢？只有放下这些担子，你才能轻松起来，对吗？”子瑜听到这些话，一下就笑了，她对大师说：“我明白了，我的不快乐完全是自己造成的。可是，我现在想重新回到家庭中，不知道还有没有机会弥补自己因为任性而犯下的错。”大师笑吟吟地对她说：“你要记住，凡事不要想得那么坏。你能够宽容他们，他们也能够宽容你，如今你有这样的想法，那么就去做吧，永远都不晚。”子瑜拜谢了大师，轻轻松松的下了山。没过多久，她就与丈夫复婚了，她也开始试着去了解公公婆婆，原来他们也没那么讨厌，她感觉她现在才是真正的活着……

人生就是这样，哪有那么多的一帆风顺呢？在内心真正解脱之前，在幸福真正降临之前，所有的苦楚和磨难都是上天赐予你的财富，你是把它放大还是缩小，这就要看你如何运用了。聪明的女人需要明白，在家庭中要给每一个亲人一点理解的空间，让时间来改变你们的关系，不管过去曾经多么难忘，多么难过，都不该让它们堵死你和家人未来的路。

当然，除了在家庭生活中需要看破和宽容，在工作生活中也需要如此。因为同事与家人的关系不同，我们不可能有那么多的时间和机会来进行深刻的了解。很多时候，一句或几句体谅的话，就能让阴云变作晴朗；有时对他人的态度放得缓和一些，多一点原谅，就能减少对他人和自己的伤害，你会因此收获更多。

如果我们是对的，而别人说的是错的，你会怎么办？你是不顾他人颜面劈头盖脸指责，还是选择一声不吭隐忍呢？这些都不是好的选择，我们要做的是照顾他人脸面的同时让他接受你的意见，不要用对错来衡量这个问题，这样才能给彼此一条退路，不至于刀兵相向。

通用电气公司处理过过一个非常棘手的事情，那就是免去查尔斯·施坦因梅兹的职务。查尔斯是一个天才的电器专家，但是却并不是一个合格的计算机部门主管。公司想要让他去担当其他的工作，可是查尔斯性格暴躁又敏感，公司不想跟他的关系闹得那么僵，也不想因此失去这个人才，所以这个问题让几个高层很是头疼。这时，有一个聪明的姑娘出了这样的一个主意，她建议说，让公司给他一个“通用电气公司顾问工程师”的虚名，然后实际工作再给他安排公司想要他去的位置就可以了。公司高层依计行事，果然查尔斯没有丝毫怨言，而且还很高兴，愉悦地就接受了公司的调遣。其实他并不是不知道这个“首席顾问工程师”的水分，只是他觉得这样的方式让他更容易接受。既然公司都为他让了一步，那么他为什么不能也让一次呢？于是他继续在新的岗位上发光发热。因为他是一个电器方面的天才，在他的研发带领下，通用电气公司又有了新的突破，这时的查尔斯终于成了一个真正的顾问。

给人一条后路，是多么重要啊！我们没有权利用任何方式去贬低别人的自尊，伤害他人的尊严不只是没有教养的表现，同时也是一种罪行。作为女人来说，在工作中尤其要注意这一点，与同事发生矛盾，我们应该选择宽容，放对方一马，或许会暂时吃一点小亏，但是日后你一定会得到几倍的回报。宽容和理解不等于懦弱和木讷，它们是更高级的情绪，是作为一个智者必备的素质。

放手去爱，放手去拼，这才能让我们女人在家庭和工作中保有激情；同时，也要懂得对过去撒手，对现在的不堪放手，让所有的不安分和不牢靠都远离自己的生命之中，只留下真诚和幸福。人生需要拼搏，可拼搏是向内求的，而不是与人争斗的向外求。一个人想要真正地得到进步就需要从自己做起，只有征服了自己的懒惰和种种坏习惯，才能让自己蜕变成梦想成为的人。

女人虽然心细如发，但是却也该适当地给自己减减压，不要过度地抓住他人的过错不放。你可能当时觉得占了上风，但是却无形之中把你们的关系推向了不可挽回的冰点，当失去全部的时候，或许你才会知道后悔。人总要向前看，不能抓着回忆不放手，回忆是积淀未来的养分，不是奔向未来的担子，女人一定要切记这点。

2.毒舌=毒蛇

“毒舌”这个词算得上是近几年比较火爆的了，同时也算是引领了“潮流”，因为如今社会上拥有一条“毒舌”的人太多了，特别是在女人之中。当然，很多时候我们都不置褒贬地称呼她们是“伶牙俐齿”，可实际上却对她们有点“望而生畏”，这些女人实在是有点让人不敢接近。她们是聪明的，她们聪明到能够看穿你的弱点，然后加以嘲讽，以此来满足对自己智商的肯定。但她们又是愚蠢的，她们不知道在一句句尖利似刀的话语过后，他人对她们是什么样的看法，这无疑会使彼此的关系越来越远，最后，“毒舌妇”必然是孑然一身，孤家寡人。

能够清晰地看透别人是一种能力，但是这种能力最好还是隐藏起来。如果你不停地以这种能力来攻击他人，以他人的窘迫来作乐，那就真的让人恐慌了。尖酸的女孩子可能是阿紫，但是你身边的人可不全是游坦之，没有几个人会甘之如饴地忍受着你的嘲讽和挖苦。毫不夸张地说，这样尖酸刻薄的女人就是人群中的“毒蛇”，在任何交际圈都是不受欢迎的人，这是毫无疑问的。

在现实生活中总有不少这样的女人，她们牙尖嘴利，用自己的“毒舌”肆意攻击着同事和家人，这是她们取乐的方式。比如你被上司批评了，她可能会笑嘻嘻地说：“让你每天在那不干活，报应啊。”你和丈夫吵架了，她可能会说：“你丈夫真不是什么好东西，不过两个巴掌拍不响，你恐怕……”这样的人是不是很讨厌，完全没有一个女人该有的温柔和理性，相反她只是在以冷漠的眼光看待周遭的一切，并加以取笑。其实，做老实人说老实话，才是老祖宗传下来的训诫，可是近年来的影视媒体却在完全宣传着背离正道的“毒舌”精神，这些“毒舌女”都是高高在上的大美女，看到谁都没有一个好脸色，处处挖苦着别人，不过她们身边却有一个完美无瑕又卑躬屈膝的男一号，于是两个人在经历了一些极为扯淡的剧情后走到了一起，赚取了很多小姑娘的掌声和眼泪，并且称这样的女人是女王，有女王范儿，值得她们学习。可是，如果你学习了，你在现实生活中试试，你看看你会不会有那么多的拥趸，恐怕只会落得一个让自己痛苦的下场。

当然，一味的老实忍让也不可以，有时候反倒纵容了别人的嚣张气焰，所以在面对他人“毒舌”的时候我们也要奋起反击，不能让自己的尊严和利益遭到践踏。只是要注意是“反击”，而不是“攻击”，这有本质上的区别，一定不要弄混了。

玛利亚是一个著名的女作家，她的作品风格细腻又华美，让人读来如春风拂面，心旷神怡。但是她本人却与作品的风格完全不同，如果说她笔下的世界是一片大海，那么她本人就是带动波涛的狂风。有一次她受邀去参加一个音乐会，可在音乐会开始不久后，她就厌烦地用双手将耳朵堵住，过了一会儿，甚至不顾旁人地打起了瞌睡。音乐会之后的晚宴上，女主人问她：“玛利亚女士，你不喜欢这样的音乐吗？”玛利亚摇了摇头说：“这种低级的音乐实在提不起我半点的兴趣。”女主人又说：“这都是如今最流行的乐曲啊！您竟然说您很讨厌，这让我感到有点惊讶。”玛利亚反唇相讥：“难道流行的东西就是好的？就是高尚的？”女主人纳闷地说：“不高尚的东西怎么可能会流行起来呢？”玛利亚冷笑着对她说：“流行感冒也是高尚的，对吧？”说完这句话，女主人愤愤地拂袖而去，从此再也没有邀请过她。

毫无疑问，故事中的玛利亚一定会失去这个朋友，她或许只是因为一时的心情不佳才出言嘲讽，但是她没有控制住自己“毒舌”的分寸，或许，直到她把身边的人全部伤害了，所有人都离她而去的那天，她才能懂得自己错在了哪。语言是引起关系风暴的罪魁祸首，短短的一句话可能会让你失去朋友、婚姻破裂、工作泡汤，它的破坏力远远不止你想象的那样，甚至都可能毁灭一个人的一生，所以一定要慎重再慎重，说话前“三思”才是正确的表达方式。

他人对你的包容是一种幸福，如果你不知道珍惜，反倒还变本加厉地侵犯别人，就是对他人人格的不尊重，也是对你们之间关系的否定，久而久之，必然会让你众叛亲离。言语不是刀枪，却能带来比刀枪更加沉重的伤害，刀枪之伤只是外伤，时间自然可以修复，但言语之伤却是内伤，可能会跟随被害者一辈子。所以收回我们的嘲笑和尖刻吧，谁都不是可以任人宰割的，切莫给自己惹麻烦，也不要让自己在言语上拒绝他人，排斥他人。

有时候毒舌不仅会让自己在工作中举步维艰，也可能会影响到自己的生活，因为如此作风的人，难免会让人感到害怕和不敢接近，虽然她的本质不一定有多坏，可是没有包容心，也很难让人接受。

欣欣是一个大家公认的美女，但是多年来却一直没有男朋友。而且不只如此，她的朋友也不多，这都与她的性格有关。本身高傲的她经常爱说一些尖酸刻薄的话，很多人都在背后偷偷地说她之所以这样就是家里人给娇惯的。说实话，欣欣也挺着急找男朋友的，可是身边的朋友她一个也看不上，偶尔有对上眼儿的人，也都被她的脾气给吓跑了。有一个叫阿明的人，他很喜欢欣欣，而且也知道她就是脾气古怪一些，内心还是比较善良的，于是他就开始了对她默默地关怀。虽然欣欣也感觉阿明对她挺好，但是她却控制不住自己的嘴，跟他说："你还真细心啊，细心得跟个妹子似的，不好意思，我不是同性恋。"当然，除了这些，她还会说些别的，比如她看到阿明喜爱舞文弄墨，就经常嘲讽他写的东西没人能看懂。虽然欣欣在说这些话的时候，有一半是在开玩笑，但是却总是不知道分寸，最后终于将阿明搞得心灰意冷，他认为她根本就没有对自己心动过，只是在嘲弄他，这让他很难过。一向说话阴阳怪气的欣欣终于体验到了一次伤心，其实她喜欢阿明的才华，也喜欢他的细心，可是如今却一切都难以挽回了，她想改变，却不知从何做起……

毒舌女在很多男人的眼里都不会太受欢迎，因为她的身上并没有吸引男人的特质。现代人的压力都很大，而男人无疑要承受更大的压力，所以他们大都喜欢温暖干净的女孩，因为生活本来就很累，他们只想有一个温暖的家而一个温暖的家里，自然要一个温暖贴心的女人。可是，毒舌女却不是他们的理想对象，尖酸刻薄的人除了会给予他们更多的怨气和无奈外，恐怕毫无收获。当一个女人保持这样的风格太久之后，就会从口舌之利发展到身心之恶，严重地影响家庭氛围，让整个家庭关系濒临破碎。

曾有哲人这样说过："毁灭人只要一句话，培植一个人却要千句话，请你多口下留情"。懂得交际的聪明女性都明白，绝不能用言语攻击他人，更不能故意嘲笑他人。有时候，可能这就是你开玩笑的方式，可是虽然你说者无心，可难免听者有意，所以很可能会影响你的人际关系。和气之道在于中正内心，更多就表现在语言上的和气，起码要让别人感到你对他没有敌意，这样他才可能与你结交。我们女人需要做到用不多的话，让别人感受到很多，主要是要让他人感受到言辞之间的温柔和善意，这才是吸引他人的重要法宝。

女人们，走出那些虚设的浪漫情节吧。每一天都需要我们脚踏实地地去走，而不要期待着某一位救星来拯救你，人总要有一些自我辨知的能力，何事可为，何事不可为要明白，起码在大方向上不要出错。恶语伤人三月寒，这句话需要我们女人明白，既然现代社会已经把女人推到了前线来，那么我们就不能展现那些不好的一面，我们要做这个时代最美的女人，我们要成为这个时代最美的风景。

3.严厉地赞美，温柔地批评

人都有着相同的弱点，那就是喜欢听好话，讨厌批评的声音。可是夸奖和批评的好与坏有时并不是那么绝对的，苦口良药和糖衣炮弹都是真实存在的，所以我们要理性的对待他人的赞美和批评，切不可因为自己的一时感受而盲目地接受和拒绝。

现实生活中有很多人都比较自我，他人对自己的任何反驳都不喜欢：在你和他交流的时候，他经常是句句都在反驳你，就好像是先知一样，知道所有事情的答案，而不能忍受你的愚蠢。对于这种人，你会喜欢吗？心理学家给这种偏执狂取了一个形象的名字——雄辩症，这样的人不管所持的观点是对是错，都会力图取得最后辩论的胜利，以压倒别人来获得快乐。

如果我们不是这样的人，那么固然好，你起码能够得到赞美和批评，这类“雄辩症”患者恐怕一辈子也难以得到真诚的赞美和批评，他们已经屏蔽了外界所有的声音，他们的世界里只有自己那“伟大”而又“正确”的声音。作为女人，我们不能总是做男人世界的倾听者，我们需要发出声音，不管是对他人的赞扬还是接受他人的批评，都不能袖手旁观地静静忍受，适当的表达自己情绪才是一个健全的人。

我们先说说赞美，相信在日常生活中，我们经常会有想要赞美别人的时候，不过有时是真心有时却是假意。赞美如果是基于假意出发的，那么也就成了奉承，反倒会让别人感觉你虚伪而又势利。所以，在赞美别人的时候要发自内心，还要有技巧，这是不容易的。

林女士是一家策划公司的主管，她的下属总喜欢和她对着干，这让她感到疑惑又苦恼。其实，事情的原因很简单，那就是林女士是一个正直公正的人，她不喜欢奉承别人，也不愿意赞扬别人，她对她的下属更是很少夸赞。在他们做得好的时候她就点头默许，而做得不好的时候就严厉的批评，所以她的下属们多数都有"自己做得好是应该的，做不好是不行的"的感觉，这让她与下属关系到了一个非常危险的境地。林女士的老公在知道了她的苦恼后，告诉她可以适当地赞扬一下下属，即使下属犯了错误，也尽量去理解，不要一味地批评，这样很有可能会收到意想不到的收获。第二天，有一个员工做了一个很糟糕的决定导致了一整单生意的泡汤，要是以前，林女士肯定劈头盖脸地一顿批评，可今天她强压下了怒气对下属说："或许这是你在当时所能做的最好选择了，这并不能怪你。"这个下属本来已经做好了接受批评的准备，没想到就这样风平浪静的过去了。因为这一次的错误没有被直接批驳，这个员工决定在下一单生意里竭尽全力，以求回报领导的支持和宽容。林女士就这样一点一点地改变着自己，她也开始试着夸赞下属们每次的成绩，不再默认。渐渐地，她发现下属们其实并不是那么差劲的，比如小a的工作效率非常高，小b最细心，小c多才多艺，小d是所有人之中最有领导才能的……这时她已经慢慢地和自己的下属打成了一片，他们都叫她"林姐"，也经常一起吃饭休闲，这无疑加深了他们之间的感情，同时也让她对自己的团队更加信心。到了年底大会的时候，她们部门竟然比去年的业绩整整翻了一倍。

真诚的赞美和鼓励往往能起到非常重要的作用，有时候能产生连你自己都想不到的能量。一句真诚的赞美会激发一个人的斗志，而反驳和吹毛求疵却会让他人感到悲伤，甚至绝望。如果一个对你有所寄托的人，突然遭到了你无情的嘲讽，那么他一定会十分伤心和难过。吹毛求疵和嫉妒都会让你本身产生很多负面情绪，气愤、不满等会接踵而至。

另外，在赞美他人的时候尽量不要赞美对方本身，这很容易让对方感到空洞，有谄媚的嫌疑。要赞美对方的所属物或具体行为，这样才会让对方感到真诚，也容易欣然接受。比如有一个美女长得非常漂亮，你如果单纯的只是赞美她的美貌，恐怕她听都听烂了，自然不会感到有任何新奇，还会认为你是一个轻浮的登徒子。如果你赞美她的行为优雅、穿着得体、言辞精致，这她就容易接受了，还可能会认为你是她的知音人呢。多多地真诚赞美他人吧，这样你会感到心情愉快，也会让你的朋友越来越多，人际关系也会越铺越开。

当然，在人与人的接触中，不可能只有赞美而已，有的时候还需要批评。当批评成为不可逃避的事情时，聪明的女人也需要将批评掩饰一下，让它不要那么刺耳。在与家人、朋友这些对你而言很重要的人接触时，你总会发现他们身上有一些缺点，出于责任，你应该对他们进行必要的劝解或批评，但是如果说的方式不恰当，反而会伤害你们之间的感情，所以一定要注意自己的处理方式。这就像一片药，虽然它是苦的，但是外面如果裹了一层糖衣，就能够让人很舒服的吃下去。我们在批评他人的时候，也要把批评的话裹上“糖衣”，让别人乐意接受。

春秋战国时期，晏子是齐国著名的大臣，也可以说是齐国的支柱。在他去世17年之后，齐景公在一个宴会中还曾感慨万分地提到过他：齐景公喝酒喝得微醺了，他一时兴起，拿起了一张强弓要表演一下射箭的技艺，但是他把箭射到了靶子外面去了，一屋子的大臣却还是众口一词地赞扬他。齐景公听到这些虚伪的赞扬并没有一点好脸色，虽然他知道大臣们是为了保护他的面子，但他还是叹了口气，兴趣索然的将弓扔到了一旁。

在宴会结束以后，齐景公一个人坐在灯下久久没有回宫，不知道在想着什么。这个时候，弦章进来与齐景公要谈一些国事。弦章还没有开口，景公就对他说："自从我失去晏子之后，我就再也没有听到过别人批评我的过失，到现在已经整整17年了……今天我都把箭射到了靶子外面，但是所有大臣们却还是交口称赞我，这让我很寒心。"弦章说："这是那些臣子的错误，但这是因为他们本身的素质就不高，所以也看不到您哪些地方不好；而且他们的勇气也不够，根本不敢冒犯国主的威严。但您应该注意一点，国主喜欢什么衣服，臣子就会拿来替他穿上；国主喜欢什么美食，臣子就会千方百计地给他求到。就像一种虫子，它吃了黄颜色的叶子就会变成黄色，而吃了绿色的叶子就会变成绿色。所以，您应该明白问题究竟出在了哪里，而且作为国主，有人说奉承话也很正常，您不必太过苦恼。"

齐景公听完弦章的这一席话，感觉很有道理，当然聪明的他也知道弦章话里话外的意思。他知道了奉承者只不过是为了投自己所好而已，如果他做到了杜绝大臣的奉承，那么也就不会有人敢来摸老虎屁股了。而作为这一席话的始作俑者弦章，他就很懂得语言艺术，他没有直截了当地批评景公爱听奉承话，而是通过其他方面的旁征博引来引起了景公的思考，齐景公也就接受了弦章的批评。如果弦章不是这样机巧的人，他一味的直谏恐怕只会为自己招来麻烦而已。

批评他人是一种艺术，怎样在语言中表达批评也是一种艺术。你可以在善意地批评他人时，用一些真诚的字句开头，比如说："我也曾经犯过这样的错误"，这样就会拉近你们之间的距离，让对方对你消除了敌意，也不会认为你是在变相地嘲讽他，自然也就能够接受你的批评了。另外，在批评他人的时候，要切记点到为止，你如果觉得对方已经大概明白了你的意思之后，就要让他自己慢慢地消化，不需要再逐字逐句地进行剖析了，否则很可能会适得其反。

其实没有一个人是愿意接受批评的，也没有一个人愿意犯错误。所以，很多时候的错误都只是因为不小心所造成的，所以在批评的时候也要尽量理解对方，用换位法来思考。有时候，对方已经在自责了，你还要雪上加霜地指责，很可能就会激发你们之间的矛盾。指责不能解决任何问题，只能让你们两人都陷入恶劣的情绪中，而对问题的解决一点帮助也没有。

小刘是一家文化传媒公司的编辑，她这个人挺有才华，但是却有点不拘小节，所以经常会有一些小错误出现。有一天，她的领导对她说："你打字的速度真是快，怪不得大家都说你才思敏捷呢!"小刘听到领导突然这么夸她，她很高兴。接着，领导又笑呵呵地对她说："可是，我的大才女，以后在打字的时候注意点，不要再把标点符号丢了啊。"她听完之后，没有感觉尴尬，反而开始在这些小事上注意了，再也没有犯过同样的错。

在面对直接批评的时候，大多数人的第一感觉都是要抵抗，所以作为批评者就一定要讲究方法。很多时候，委婉的暗示是不错的选择，就像上文中的那个领导一样，让对方知道批评不是惩罚，而是一种善意的提醒，这样她才能乐于接受你的意见。

同时，也要注意分清对象。跟什么样的人沟通，就要说什么样的话，比如你和领导、长辈就要用委婉和尊敬的语气，而对子女、后辈的批评时就要适当的严厉一点。一旦角色混淆，那就达不到任何批评的效果，还会让双方都感到尴尬，比如你对父母提意见的时候就不可用哄孩子的语气，因为他们会觉得你不尊重他们。再比如，对于一个十分爱面子的人，就需要点到为止，还要注意给他台阶下，切不可将话说绝，让他难堪。

善意的批评是语言艺术的具体表现，从这些话里能够体现出来一个人的素质和智慧，作为一个新时代的女性，我们有必要将这项本领学会，这样才能让自己不至于成为一个没有头脑的笨女人。大家要相信，大多数的人都是通情达理的，基本不会有人直接就对你善意的批评意见予以拒绝，只要你讲究方法，时刻注意对方的情绪和自尊，是完全可以让对方听从你的批评建议的。

赞美和批评一直都是人际交往中不可缺少的一部分，所以我们都不要吝惜，该表达自己意见的时候就表达，不要闷声当空气。女人本身就很心细，如果你能将这种特质运用到与他人的接触中，就能清楚地了解到他人的优点和缺点，这时我们就可以切中要害地对对方赞扬或者批评，这是让你们关系更近一步的好方法，适合所有人来参悟。

4.和善地倾诉，真诚地倾听

人生在世难免要与他人打交道，而与他人打交道就不能少了表达和倾听，在很多时候我们的一句问候、一个拥抱都能让别人感到一些来自你的温暖，所以我们不要羞于表达自己的情感。倾诉和倾听是一个人向外发和向内收的重要表达形式，虽然中国人本质就是外冷内热又羞于表现的，但是在新时代的浪潮中，我们需要悄然改变这些习惯，让自己敢于表达，让自己善于倾听，这样才能在人生的道路中收获更多的东西。

每个现代人都在讨伐着这个时代，大家都认为这个时代是浮躁而又冷漠的，可这种人和人之前的距离就是因为大家都羞于表达自己的情感，同时也对对方不信任所造成的。其实我们要试着改变自己，虽然世界很“冷漠”，但是我们却可以充满热情，这就是改变世界的一点，你就是能够改变世界的人。

对于女人来说，恐怕最难以处理的就是家庭关系，特别是和丈夫的父母相处，总感觉公婆和媳妇之前的关系只有相互礼让，却没有推心置腹，仿佛是两家人拼在一起过日子一样，这就是因为我们无法和善的倾诉，也没有机会真诚的倾听所造成的。

姬薇是一个温柔贤惠的女人，也是一个不善言辞的女人，她最大的苦恼就是与公公婆婆的相处问题。姬薇在和老公结婚后，就和公婆生活在一起，虽然老人们对她很好，可是她却还是觉得很拘谨，她觉得那不是自己的家，每天的生活就像做客一样，这让她很难受。由于她本身性格就很腼腆，不太主动与老人聊天，他们之间除了每天早起的互相问候外也基本没有什么其他话题，这让彼此都感觉有些尴尬。苦恼的姬薇就与老公说了这个问题，她老公笑笑对她说："没关系，毕竟你们相处时间还短，慢慢就习惯了。"虽然说是这么说，但是他们已经结婚一年多了，姬薇与公婆的关系没有得到丝毫改变，老公在的时候还好，全家人都能参与到一个话题中讨论，可一旦剩下了公婆和她，这三个人就都沉默了下去。姬薇认为，虽然他们之间现在没有矛盾，但是时间久了，难免老人认为她不懂事，这样家庭也就出现了裂缝。

一筹莫展的她决定回娘家住几天，一回到熟悉的家里，姬薇感到非常开心，她和妈妈又搂又抱，亲密得不行。妈妈感到很奇怪，就问她是怎么回事？她就把苦恼统统跟妈妈说了。妈妈对她说："你现在给你婆婆打个电话。"姬薇纳闷地说："您找她有事啊？如果没事我说什么啊？"妈妈对她说："你就简单地问，他们吃饭了没有。"姬薇拗不过妈妈，就照做了。她的婆婆接了电话，姬薇说："妈，我没在家，您和爸吃饭了吗？"婆婆似乎很高兴，她说："吃啦吃啦，你呢？薇薇。"姬薇说："也吃过了，现在和我妈聊天呢……"突然，她发现自己不知道在说什么了，幸好她的婆婆说让她好好陪陪她妈，也就挂掉了。姬薇妈妈对她说，其实你想改变你们之间的关系并没有什么难的，只要从这些小事做起就行了。

没过几天，姬薇回公婆家了，她跟以前有些不一样了。以前的她就像一个客人一样，经常是公婆像对待小孩儿一样对待她，照顾她。如今的她开始询问老两口"喝水吗"、"吃水果吗"这些问题，还会主动的跟他们说话，当然最初的话题也是从老公切入的。而且只要她回娘家，就会主动给公婆打电话，有时候甚至上班的间隙，也会问问他们。姬薇的这些做法让公婆乐开了花，逢人便说他们儿子给自己找了一个好儿媳。他们一家的气氛也变得越来越好，每天都笑声不断。到了周末，她还会和婆婆一起出门逛街，娘俩手挽着手，幸福得不得了。后来姬薇自己说：家人之间可能很多时候就是需要花一点心思，多去倾诉，多去倾听，多关怀，这样就能拉近彼此的距离。久而久之就会让这些成为生活的习惯，这种习惯是能够使家庭变得温馨的好习惯。

每个人都是如此，如果你有了这样的苦恼，就要试着先真诚地倾诉，不要总把苦恼埋在心里，那样时间一长，会让你崩溃的。好情绪需要与别人分享，坏情绪也需要他人的帮忙排解，不要总是什么事都自己扛，虽然你能扛得住，但是你的心态却难免会有撑不住的时候。

倾诉的对象也无需条件那么苛刻，或许你的故事并不稀奇，只是你自己把它看得太重而已。而且“当局者迷，旁观者清”，你倾诉的对象往往能够一针见血地给你一个很好的建议，让你度过难关。

曾经有这样一个年轻人，他每天看起来都挺高兴的，但实际上他是一个忧郁的人，只不过他太过坚强，他从来都不跟他人分享他的心情。比如理应特别高兴的时候，他也就是微微一笑，而特别难过的时候，他也是笑笑而已。他尽量让自己看起来永远都是那么进退有度，时日已久，笑好像已经变成了他的面具，如果这个面具被剥下来，真是不知道他本身该是怎样。就是这样的一个淡淡的人，他可以成为任何人的倾诉对象，但是他却从来不跟他人分享自己的故事和心情，他看起来是那么的坚定，坚定到忽略了自己。后来的某一天，他得了严重的忧郁症，这是一种轻微的精神分裂症，他不得不去医院接受治疗。在朋友去探望他的时候，他一个人静静地坐在床边看着上午的太阳，一声不吭，那惯有的微笑再也没有了……

由此可知，适当的与他人倾诉还是很有必要的，这是一个人排解内心烦恼最好的方式。所以，我们必须要经常和他人交流，对他人倾诉，这不仅能让对方更加了解你，也能让对方感受到你的信任，从而更容易地拉近你们之间的距离。

相对于倾诉来说，倾听也一样重要，有时候也要善于做一个垃圾桶。善于倾听的女人随时随地都会受到欢迎，这是不可否认的，倾听他人是对他人的尊重和关心，也是对讲话者的一种直接的恭维，不仅能够给以对方最大的安慰，同时也能拥有无法估量的精神财富。

现代人都希望得到他人的认可，都希望得到他人的理解，所以我们不妨就试着让自己成为一个这样大家都需要的人。当我们专心致志地听着别人的倾诉时，对方一定感到你的真诚和尊重，必然会认可你的品质，也会对你更加信任，而信任是两个人相处的基本要素。

美国的汽车推销大王乔·吉拉德一生卖出过一万多辆汽车，这已经成为了业界的传奇，其中有一年他卖出了1425辆汽车，这一纪录被成功载入了吉尼斯世界纪录中。如此辉煌的他当年也不是那么出众的，他也曾经是一个普普通通的小推销员，而真正让他变成推销大王是因为这样一件事。

某一个下午，一位先生到他这里买车，吉拉德像往常一样，开始了巧舌如簧的推销。眼看着那个先生的笔就要放到签单上了，但是他忽然好像意识到了什么，扔下笔就走了出去。

这让吉拉德感到很诧异，一直到深夜11点多，他还在床上冥思苦想，找不到答案，他并不知道自己在哪里做错了。吉拉德再也忍不住了，拿起手边的电话就拨了过去，他想问问那个先生为什么不买车。对方接起电话说：“现在是半夜11点了，你该明白我什么意思。”吉拉德说：“对不起，我知道。但是我要做一个比别人更好的推销员，您能告诉我究竟错在了哪里吗？”“真的吗？”“我不敢欺骗您，先生。”吉拉德回答道。对方说：“那好，你真是在专心听吗？”吉拉德清了清嗓子说：“千真万确！”对方说：“可你今天下午没有专心听我说的话。”后来他还详细地告诉了吉拉德究竟是怎样让他看出来的，因为吉拉德太想把汽车推销出去了，所以忽略了他的一系列谈话内容。那位先生已经跟吉拉德说了，他的儿子杰克要到密歇根上大学了，这让他很欣慰；同时，他的儿子准备当医生，而且他还很有运动天赋……他说了很多很多，可是吉拉德却一点都没听进去，所以在他准备签字的前一秒钟，他决定放弃了，而且当时的吉拉德一面准备收钱，还一面和另一个推销员讲着笑话。

吉拉德听到这些话之后恍然大悟，他想起了自己在当时的表现的确如顾客所言。他真诚地向这位先生道歉，也真诚地向这位先生道谢。从那之后，他的传奇营销经历正式开始了，他不仅创造了销售的最高纪录，同时也和很多的客户成为了朋友，他们都认为吉拉德是个值得信赖的好人，是个可以深交的朋友。

在现实的营销当中，虽然有些推销员的口才很好，但是业绩却往往不如那些看起来有些木讷的同事。其实这些人不是木讷，而是拥有更高的智慧，他们都懂得倾听的重要性。当然，除了在工作之中要做到懂得倾听以外，我们在生活中也应该做到这一点。

聪明的女人就是要懂得倾诉与倾听，这是我们在生活中不可缺少的一种能力，否则我们便会像一个困在笼中的鸟一样，永远也无法挣脱。女人要活得精彩一些，充实一些，所以就一定要让自己能够融入到这个世界之中，用倾诉来感悟，用倾听来体会，这样你会收获更多。

5.成熟的女人是温柔的女人

很多女人都认为到了一定的年龄，自己肯定会失去一些曾经让她引以为傲的东西，比如青春，比如美貌。但是她们或许不知道，女人的美是跟随时光的脚步一点一点变化的，每一个时期都有不同时期的美，所以根本就不存在失去美的说法。一个成熟的女人都是乐于接受时光洗礼的，她温柔美丽，她得体优雅，这样的女人无法不让人心动，无法不让人难忘。

温柔的女人，总是微笑着唱起生活的歌谣，从不抱怨生活给以的磨难。她们懂得水滴石穿、以柔克刚的道理。当然，温柔的女人并不是柔弱的女人，她们不会随波逐流，也不会任由摆布，而是会在不知不觉中征服许许多多的人，特别是在冷漠、愤恨、怨毒的情绪面前，她们的温柔会显得尤其可贵。

一个温柔的女人会把别人带到她的节奏之中，也就是说她可以在无意间很容易地将别人感染，这是其他类型性格无法做到的。温柔的女人是聪明的女人，她们懂得站在别人的角度看问题，这会让别人感觉她走到了自己的心里，从而对她感到亲切又可信，于是也就很容易接受她的建议或意见。

戴夫人是一个很有亲和力的女人，她温柔又坚定，深受很多朋友喜爱。有一次她宴请几个朋友午餐，其中有几个是与她多年未见的老朋友，所以她很在意这次宴会的效果。在她平时的宴请活动中，管事埃米尔都是她最得力的助手，可是这一次他因为有事没法过来，于是他只能把这次活动交给了平时他熟识的一些朋友。但这些人却与戴夫人不熟，也不知道她的口味，情急之下这顿午餐就做的很是糟糕了。而且在安排侍者方面也出了很大问题，因为这几个人没有安排大宴会的经验，这让戴夫人很丢面子。虽然她很生埃米尔的气，但是却不能在朋友们面前失去风度，于是她就忍了下了。

第二天，因为一个人类关系学的演讲让戴夫人想通了这样的一个道理：埃米尔也不想这样，午餐的菜也不是他做的，侍者也不是他安排的，他能有什么办法呢？这样责怪他是不是有些无理取闹呢？随后，戴夫人找到了埃米尔，她发现埃米尔也对这件事情耿耿于怀，他想和戴夫人赔礼道歉，又想和她争辩，看起来十分纠结。戴夫人用轻柔的语气对他说："埃米尔，我们认识了这么久，我们已经是朋友了。你知道不知道，我请客的时候，有你在的话多好。你是全纽约城最能干的管事，但是你不在的时候发生的情况与你也无关，你无需自责。毕竟菜不是你买的，不是你做的，而侍者也不是你找的，所以这是没办法的事情，既然发生了就让它过去吧。"埃米尔听到这番话之后，脸上一下就有了微笑，他对戴夫人说："说真的，夫人，毛病就出在我的朋友们没有安排好侍者这里，所以我也有错，希望您见谅。"戴夫人说："埃米尔，我最近筹划还要再举办一次宴会，我需要你的帮助，也需要你的意见，我觉得我们应该给上一次那几个人一次机会。"埃米尔激动地说："夫人，您放心，这次有我在，绝对绝对不会出一点差错。”

过了半个月，戴夫人又请了一些朋友们来聚会。这次在这些客人们到达酒店的时候，她们发现每个人的座位上都摆上了两束漂亮的花，管事埃米尔亲自在一旁照料，一切都井井有条。宴会的气氛在主宾的交谈中，在侍者的招待中渐渐达到了高潮，大家都认为即使是宴请王后也不过如此吧。宴会的饭菜十分可口，服务也那么周到，有四五个侍者在旁，可不是上一次那冷冷清清的一个人了。散席后，有一个朋友问戴夫人：“亲爱的夫人，你对那个管事究竟施了什么魔法呢？我从来没有见过如此殷勤热心的管事。”戴夫人笑而不语，她明白，只是因为她的温柔和真诚感动了埃米尔，这就是人与人之间的相互依存关系。

女人的温柔在很多情况下都可以使自己摆脱困境，所以你不要小看了这种力量。最主要的是温柔的女人可以让别人对你消除成见，这就可以让他接受你、服从你。有人这样说过，温柔的女人常与爱恋、仁慈为伍，常跟宽厚、善良作伴。她们把热诚献给朋友，把仁孝献给长者，把慈祥献给孩子，把爱恋献给丈夫。她们是良友，是孝女，是慈母，是贤妻。她们是一种慈祥、热诚、仁厚、道义和爱的结晶体，坚强有力，与美丽并存。

温柔不只是女人在外界与人相交的时候温柔，在家里也要一样的温柔和善解人意，这样你就能把你的家庭紧紧的粘合在一起。对于老公，我们可以多从理解的意向出发；对于孩子，我们可以多从宽容来着手；对于老人，我们可以多从陪伴来做起。一个家庭的真正核心其实是女人，你不要不相信，一个聪明的成熟的女人可以在家庭生活中找到许许多多的成就感和满足感。

可能现实生活中，很多女人都对自己的老公很有怨言，要么觉得他能力不行，要么认为他不够细心，总之当一个男人从男朋友变成老公之后，他就会一下子多出一大堆的毛病来。其实他并没变，还是以前吸引你的那个他，只是如今的身份和环境变了而已。你可以从他的角度来想一想，他工作已有许多压力，没有义务回家还要看你的脸色哄你开心。他性格上或许会有缺点，生活细节会与你不同，令你不满意，但他怎么可能是完美的，在你面前，他需要的是放下面具，做回自己，做个普通人。如果他在你面前都不能有一点瑕疵的话，那么他的生活还有什么乐趣呢？你要明白，宽容是做人和对待婚姻应有的态度。他如果对你没有如你想象的那样温柔和细心，那么我们也想一下自己是不是哪里做得不对呢？很多时候，男人对自己的尊严看得比什么都重要，不管在私下他有多么宠爱你，多么怕你，你一定要在很多时候给足他面子。而平时在你们两个单独相处的时候，就不要对他有太多的要求，尽量的轻松一些，随意一些，让你们的关系更加融洽一些。

女人的温柔是征服男人的最佳武器。女人是一种角色，是男人生活的伴侣，生活是平等的，没有必要从心理上变成一个附属于男人的女人。很多男人的内心其实很脆弱，并不象外表般坚强，他们需要妻子的柔情似水，柔声细语，轻怜蜜爱。只要你有温雅如兰的外表和气质，有吐气如兰的语气，有含情脉脉的眼波，他们是很容易化百炼钢为绕指柔的，温柔，是可以杀死一个男人的，对于男人，那是致命的诱惑。温柔是女人的本色，只有本色的女人才能真正地吸引男人。

阿飞是一个很不羁的男人，他仿佛对什么事情都不太感兴趣，但是却又仿佛对什么都感兴趣。说他不感兴趣，是因为他在工作中只是靠着才华来混饭吃，从来不知进取，而且他的性格又有些桀骜，并不太招他人待见，所以很多时候他是孤独的。说他感兴趣，是因为他对一些艺术非常感兴趣。另外，他对于很多衣着光鲜的所谓成功人士都很不屑，相反却对一些社会中的下层人士充满关爱，所以他在许多人眼里是一个怪异的人。阿飞没有女朋友，一是他总是看不上大多数的女孩，二是更多现实的姑娘看不上他，还有一个原因就是，他嗜烟如命，嗜酒如命，十足的一个浪子。不过，近几年他变了，变得不再颓废，开始脚踏实地的生活了，这一切变化就从他遇见小萍以后。有朋友问他为什么有如此大的转变？他笑着说："没为什么，我爱她。"小萍是一个极其温柔的女孩，而且一直以来都对他情有独钟，在她的眼里阿飞并不是一个生活的失败者，相反认为他是一个很有品味和性格的男人，所以一直默默地关心着他。虽然阿飞嘴里总是说着不在乎任何人，但是他的行动却出卖了他自己，他其实最在乎的人就是小萍。后来，阿飞对一个朋友说："有一次，我又喝醉了，然后稀里糊涂给她打了电话，她来接我的时候，只轻轻地说了一句回家吧，我就认定了，我要为她改变，我要和她走过一辈子。"

温柔的女人是爱的化身，是温暖的使者，她能驱散任意一片阴霾和寒冷。温柔的女人是成熟的女人，她不会无理取闹，也不会做着一些幼稚的梦，更不会随意地向人索取，而是懂得回报。

温柔的女人懂得家庭永远是第一位的，所以很多时候她们没有成为工作中的女强人，并非能力不致，而是懂得取舍。她们明白，固然要对工作负责，要有职业道德，要从工作中得到乐趣，但不能做工作的奴隶，工作是为了更快乐地和家人在一起，享受生活，享受生命很重要。

温柔的女人不怕失败，温柔的女人内心足够坚强。她们就像穿梭于人间的春风，会把每一个失败的经历当做一次难得的修炼，不因此自怨自艾；她们会把每一个成功和幸福铭刻在心里，让自己的生命更加厚重丰满起来。温柔的女人乐于品味孤独，忍受寂寞，所以她们才能更有能力来消化幸福。她们的成熟使得自己不再纠结于一些鸡毛蒜皮的小事，而是把精力放在无限大的人生境界上，她们用微笑点亮周围的一切，感化周围的一切，她们是家庭圈、朋友圈的核心人物，她们是人群中当之无愧的主角。

温柔的女人经常爱把成熟又迷人的微笑挂在脸上，她们脸上升腾的灿烂颜色照亮了生命的前路，也可以消除所有情感隔膜的冰寒。许多女人，总想留住自己的青春和美丽，不惜花费很多的精力去精心打扮自己，小心呵护自己的容颜。这样的女人是永远不知道什么是美丽的，因为她们在美丽的定义上产生了偏颇，所以无论怎样的寻找都是南辕北辙。而温柔的女人从不过分地在乎自己的容颜，她们在岁月中行走，并不是想要抗拒岁月，而是在接受岁月，她们不怕岁月给予自己的皱纹和白发，她们只是害怕岁月带走了自己那颗有爱的心。虽然很多温柔的女人已不再年轻，她们已然被时光给侵蚀了容颜，但是那种温情和风情却仍然使她看起来魅力四射，精致真切。

曾经的我们都想让自己变得更加成熟，但是在长大以后，我们却又想要回到曾经的日子，这或许正是我们不成熟的一面。一个真正成熟的女人已经不会再让过去的美丽回忆耽搁今天的幸福，她们愿意用温柔和怜爱面对这个世界，而不是愤怒和埋怨，她们的温柔比鲜花还要娇艳，她们的温柔比月光还要皎洁，她们以一种和缓的方式特立独行，如同哲人，如同圣女。

6.美丽的女人是宽容的女人

这个世界上真正的美丽只有爱，如果一个心里没有爱的人就不会美丽，哪怕她有着倾国倾城的容颜。而在一个女人身上，最美丽的素质就是宽容，只有宽容和善才能迸发出女人身上的所有光芒。对于外人来说，宽容的女人就如同和煦的阳光，能够祛除他人内心的一切寒冷；对于女人自己来说，她慢慢地会把自己的心态调整到一个更好的状态，因为她在宽容他人的时候就会了解他人，从他人的故事中也能让自己更好地成长，同时也能让自己的心态更加健康。

宽容的女人拥有较之常人更迷人的个性和更独特的魅力，所以可以弥补其他方面的不足，也更容易博得人们的钟情和喜爱，而她们的身边也往往也会有很多的朋友。这是因为每个人都想得到他人的尊重，而宽容就是对他人最好的尊重，一个懂得宽容的女人自然会拥有更多人的尊重，良性循环下，她就会成为一群人中的中心人物。宽容的女人，拥有一种非凡的气度、宽广的胸怀，是对人对事的包容和接纳。她们不会为一点小事就发脾气，为一点矛盾就闹情绪，更不会轻易和别人起冲突，宽容的女人永远保持一种恬淡、安静的心态。

二战时期，有一支落单的盟军部队在森林里遭遇了一支强大的德国军队，他们之间发生了激烈的战斗。在枪战中，有两名盟军战士被打散，暂时与部队失去了联系，在当时的情况下，如果有一段时间失去消息，他们也就会被划为失踪者，不再有人寻找，成为这场战争中的牺牲品。他们两个是老乡，一个叫安德森，一个叫莱恩，这两个人在森林里艰难躲避着敌军搜索，也在积极地想方设法和部队联系。但是半个月过去了，他们却还是没法和总部取得联系，因此两人只能互相鼓励，互相扶持着在茫茫无际的大森林里继续穿行。这一天，他们身上的食物全都吃完了，但他们幸运地猎到了一只公鹿，他们两个就依靠鹿肉又走了几天。但是接下来的日子里，他们就没那么好运了，连续好多天没有碰到一个动物，饥肠辘辘的他们只能吃安德森装在背包里剩下的一点鹿肉，但是这也是有限的，两个人都心知肚明。

与部队失去联络的第20天，他们两个不幸地又与德军遭遇了，体力本就不足的两人一路找遮掩物，巧妙地躲过了德军的追击。就在敌军远去的时候，突然间枪响了，安德森的肩膀中了一枪，鲜血四溅。这时莱恩手足无措的从他的身后走来，抱着安德森瑟瑟发抖，同时眼泪也哗哗地淌了一脸，他把自己的行军衣撕了一大块，仔细地帮安德森把伤口包扎。那个晚上，莱恩仿佛着了魔一样不停地念叨着母亲的名字，安德森醒了过来，他知道，莱恩的意识已经开始模糊了。莱恩几次醒来，他们两个都是直勾勾地对视，谁都没有说话，也没人动那块唯一剩下的鹿肉。第二天，一队在此急行的盟军部队发现了他们，两人因此得救了。

转眼之间，二战已经结束了将近三十年。安德森对人说起过这件事："我知道是谁开的那一枪，并不是德军，而是我们的战友莱恩，因为在他过来抱着我的时候，我发现了他的枪膛是热的。我当时也不明白为什么他会对我下手，而且因为失血过多我就昏迷了。但在我醒来的时候，我就决定原谅他了，因为他想独吞那块鹿肉，他想活着见到自己的母亲。从此以后，我们两个谁都没提那件事，我依然把他当做我最好的朋友。在战争结束的那天，他在我面前跪了下来，祈求我的宽恕，并且要说出事情的真相，我打断了他，我不想他再去回忆那段经历。况且我们俩谁也没有因为那件事有过什么损失，无非是让我添了一道不致命的伤痕而已。从那之后，莱恩对我非常感激，非常尊重，他说我们俩的友谊能够维持到下辈子。”善良的安德森在决定原谅莱恩的时候，上天仿佛冥冥中为他打开了一扇门，让他们两个的生命继续下去，继续演绎未尽的精彩，虽然我们无法迷信地说“好人必有好报”，可是宽容和善良的确是我们美好生活的根本。

宽容并不是在这样的特定故事中才有它该有的光彩，在现实生活中同样也是。可是如今懂得宽容待人的人少之又少，相反的是很多人都会认为自己在生活中经常遇到很多不平事，他们也不能容忍别人对自己的一点点的侵犯，他人的过失和错误在他们的眼里很容易就放大好几倍。这种情况在女人身上表现得更为明显，这是因为女人天生多愁善感，从她们嘴里我们经常能听到这样的话：“我把她当成我最好的姐妹，可是她对我做了什么呢！”“他是我最爱的人，可是这个混蛋竟然背着我做了那么多对不起我的事！”这样的话，我们听过太多太多，我们都不禁想问，她们真的是那么爱过吗？连宽容和祝福都做不到的是真挚的友情或爱情吗？如果没有宽容，那么你的爱只是一种自私的行为。而且即使有些人真的是混蛋，我们也只需原谅他放过他，不再想起他，这样才能让自己真正走出那段阴霾的过去。宽容就是放下，放下一段过去，才能迎接一段新的未来。

一个真正宽容的女人会对自己的家人更加宽容，所以她们的婚姻会更美满，家庭会更幸福，生活会更充实，更有意义。宽容是女人一种高贵的品质、崇高的境界，是女人精神的成熟、心灵的丰盈。也是一种仁爱的光芒、无上的福分，是对别人的释怀，也是对自己的善待。女人宽容的心态，是一种生存的智能、生活的艺术，是看透了社会人生以后所获得的那份从容、自信和超然。

璐璐和岚岚是一对好朋友，她们两个在上大学的时候就曾经被人笑称为“连体婴”，她们长得都很漂亮在一起的时候就是一道美丽的风景。转眼间，两个人到了毕业的时候，为了一起住一起上班，她们故意找了一家单位。虽然她们俩的关系非常好，但是两个人的性格却并不相同，璐璐是一个斤斤计较的人，她每天都很在乎她们俩是不是吃亏，是不是她们的东西被其他租客偷用了，每每为了一些小事就跟邻居吵架，其他邻居吵架的时候她也经常插上一嘴，自己也弄得心绪不安。好脾气的岚岚就经常劝她，可她对岚岚说：“你个傻丫头，一天大大咧咧的，早晚得被人给你卖了”。岚岚对璐璐说：“别人吵架，你就让他们去吵，等他们累了自然就不吵了，你何必要插上一嘴呢？吵架多费体力，而且还让自己生气。”璐璐根本听不进去岚岚的劝告，依然每天“乐此不疲”地参加到邻里间的争斗中。岚岚则从不为这些无谓的事情烦恼，她与每个邻居都关系处得不错，她不跟任何人吵架，即使有点摩擦，她也愿意微微一笑地宽容他们。虽然她和璐璐就住对门，但是很多邻居却说这姐俩相差太大了。岚岚生活得很开心，她利用自己的业余时间报了几个学习班来充实自己，而且还在网上开了一个小店赚点零用钱……两年过去，岚岚有了一笔不小的积蓄，可璐璐却还每天在与邻居的战争中不愿退缩，她们俩的变化越来越大，姐俩的感情也有了一些隔阂，虽然岚岚对璐璐还是像以前一样，但是璐璐却有点排斥岚岚了。这同样的环境里，一个人总是想不开，另一个人却懂得宽容，她们慢慢地就会变得不再一样。生活的幸福与否，成功与否不是在于外在的因素，而是心态的问题。

懂得宽容是一个女人成熟的标志，代表着女人达到了一种“胸中天地宽，常有渡人船”的人生境界。宽容既然是人生的境界，我们就应该不惜一切去追求。所以，女性朋友们，宽容的心是保持生活幸福感和自身发展的重要力量，我们必须要用宽容的心来面对人生，这样才能紧紧地抓住幸福和快乐。

宽容的女人常常表现出勇于承担责任的作风，她们不怕自己承担责任，也不怕他人对自己的评价和批评。她们愿意检验自己，反省自己，因为她们知道这样就可以从失败和差错中找到自己所应负的责任。当一个人心平气和的时候，才能保持清醒的头脑，找出失败的原因，采取克服差错的有效措施，以便更加努力地工作。

给人留点面子，不刻意地区挖苦讽刺别人，这样做既无损自己的体面，又能使人产生感激和敬重之情。

莎士比亚忠告人们说：“不要因为你的敌人而燃起一把怒火，灼热地燃伤你自己。”富兰克林说：“对于所受的伤害，宽容比复仇更高大得多。”宽容别人，不但自己能够及时释放心里垃圾，而且别人也因此能够学会宽容。假如别人伤害了自己，千万不要只会怨恨，心胸太狭窄，绝对是一件坏事。报复心太强烈，只能害自己。宽容别人不仅是一种美德，更是让自己健康长寿的秘诀。愤怒是毒药，宽容是良药。所以，女人应该学会宽容。

女人要成为一个生活的强者，就应该宽容大度、笑对人生。有时一个微笑，一句幽默，也许就能够化解人与人之间的怨恨和矛盾，填平感情的沟壑。宽容是女人的一种智能。懂得宽容的女人，是生活的智者，她因为目光远大，所以心胸开阔，善明事理，勇于开拓。她追求的是不变的将来，永恒的春天，竞争的人生。

宽容是一种非凡的气度、宽广的胸怀，是对人对事的包容和接纳。女性的宽容更是一种高尚的品质、崇高的境界，是精神的成熟、心灵的丰盈。宽容是一种仁爱的光芒、无上的福分，是对别人的释怀，也是对自己的善待。宽容是一种生存的智慧、生活的艺术，是看透了社会人生以后所获得的那份从容、自信和超然。学会宽容能使自己保持一种恬淡、安静的心态，去做自己应该做的事情。整日为一些闲言碎语、磕磕碰碰的事情郁闷、恼火、生气，总去找人诉说，与对方辩解，甚至变本加厉地去报复，这样会贻误自己的事业，失去更多更美好的东西。

宽容的人常常表现出勇于承担责任的作风，如果肯检验一下自己，就可以从失败和差错中找到自己所应负的责任。当一个人心平气和的时候，才能保持清醒的头脑，找出失败的原因，采取克服差错的有效措施，以便更加努力地工作。

宽容，首先表现在处事上不愤世嫉俗、不感情用事上。

生活中，确实存在很多矛盾和困难：物价上涨、住房拥挤、人际关系紧张，这些困难有时候确实让人有点喘不过气来。可是诅咒、谩骂、生闷气都无济于事，反而会给疲惫的身躯又增加了几分新的负担。只要冷静观察，就会发现人们的生活本来就是苦、辣、酸、甜、咸五味俱全。在生活中，“看不惯”的很多，理解不了的也很多，失望的也很多。但人的能力毕竟是有限的，愤世嫉俗不会改变事态的发展，不会使关系缓和。所以，首先应当适应事件的发展，在适应中发现“破绽”，掌握改造的契机和应知应会的本质，而不是游离其外去指手画脚。这就是一种宽容的表现，人要顺利走完生命的旅程，就离不开宽容。

其次，宽容体现在对别人的不苛求上。每个人都是既有其长处，也有其短处。在社会生活中，人们总要同各种各样的人打交道。所以，为了生存和发展，为了事业的成功，我们必须习惯于人际交往，善于同各种各样的人，特别是同能力、天赋等各方面不及自己或脾气秉性与自己不同的人友好相处、协调共事。就是对于有各种各样的缺点和毛病的人，我们也应注意发现其所长，尊重其所长。

如果你只注意到别人的缺点，就容易使自己陷入孤立无援的境界。相反，换个角度，多注意别人的好处，用理解、同情和爱心去影响别人，你就会处处碰到信赖和爱戴自己的朋友，你的人际关系也会因此得到很好的发展。

胸襟广阔，能容人容物是现代女性追求的境界，因为大度和宽容能给你带来太多的好处。

当然，宽容不是无条件的，绝对要因人、因事、因时、因地而异，对于挑拨是非、两面三刀、落井下石、背信弃义的小人以及违法乱纪、胡作非为、兴风作浪、不知悔改的恶人，是不宜讲宽容的。所谓“大事讲原则，小事讲风格”，即是应取的态度。

处处宽容别人，绝不是代表软弱，绝不是面对现实的无可奈何。在短暂的生命历程中，学会宽容，可以让你的心情更加快乐，宽容可谓女人一生中最有魅力的财富。一个懂得用宽容的胸怀和气度去容忍这个世界不完美的女人，才能有资格去接受这个世界的完美。

3

第三章　掌控自我的睿智之香

1.金钱不是生活的全部

在这个时代，很多人都会把赚钱当成人生的第一大目标，这是社会风气的问题。可是我们却不能在生活的本质上选择本末倒置，金钱是生活的保障，但是却不是生活的全部，如果太过追逐，就容易迷失自己。

很多的女人都会说自己没有安全感，于是只能通过金钱来满足自己的欲望，也就是说女人更容易走到崇尚金钱的道路上。而当金钱无法满足欲望的时候，有些女人就很容易控制不住自己，然后走上不归路。即便后果不会这么严重，在她们找男朋友的时候，如果对方听说她们是“拜金女”，想必也会逃之夭夭吧。

生活的目的不是拼命积累钱财，我们必须学会珍惜我们所拥有的，并且感恩已有的生活。我们无需排斥金钱，但是也不能崇尚金钱，凡事过犹不及，一旦走火，就会发生不可预知的悲剧。女人们对于金钱的掌控要比男人弱一些，所以很容易为了一己私欲就被金钱蒙蔽了眼睛，所以我们要明白“君子爱财，取之有道”的道理。

钱是个好东西，但是它却买不来全部。如果在你选择丈夫的时候以金钱作为第一衡量标准，恐怕你在出发点上就已经错了，想要遇到对的人自然也是痴心妄想了。

李靓是个典型的拜金女，所以尽管有很多人给她介绍相亲，可大多数她都看不上，原因很简单，嫌对方没钱。小维是李靓的同学，他们俩从高中开始就认识，多年以来，小维都爱慕着她，这个李靓也明白，可是小维的家庭条件一般，而且为人也并不是八面玲珑的招风男，于是李靓也就把他当做一个“备胎”而已。除了李靓的父母之外，小维是对李靓最关心的人了，李靓有什么困难找他都会帮忙，生病时也会嘘寒问暖，其实不知不觉间小维已经成了李靓生活的一部分。每次在小维觉得时机成熟的时候，他都会向李靓表白，但每一次的结果却都是一样的失意，不过他没放弃。李靓的工作是公司前台，有一次他们公司来了一个四十多岁风度翩翩的男人，临走的时候他伏在她的办公桌前，问她：“时间不早了，能一起吃个饭吗？”看着他一身的名牌，李靓心动了，两人就这样认识了。这个男人是好几家公司的老板，名下有着上亿的资产，于是李靓顺其自然地成为了他的情人。这样的男人肯定不可能只有一个情人，但是李靓觉得无所谓，只要他能满足自己的金钱欲望就可以了。时间一久，很多人都知道了李靓目前的状况，小维也知道，他悄悄地离开了李靓。四年之后，李靓有了不少钱，也有了几幢自己的房子，但是已过30的她再也感觉不到快乐，她想买名牌就有名牌，她想开豪车就有豪车，但是她却没有一个家。那个男人能给她钱，但是却不能给她一个家，她感觉自己就是他豢养的一只宠物猫，想起来了就来逗逗……

此时的李靓很想拥有一个自己的家，哪怕它不大，但是只要温暖就可以。她现在住在这样的大房子里，到了冬天尽管把暖气开到最大，但是她还是觉得冷。她想到了小维，在两年前听闻他已经结婚的消息之后，就杳无音信了。李靓通过其他朋友联系到了小维，他们两个人约着一起吃个饭。时隔多年，这是他们第一次见面，李靓感觉曾经那么让她不待见的小维好像也顺眼了很多，虽然他如今还是个穷光蛋，但是他还是让人感觉温暖。李靓不知道从何说起，但是小维说了句：“你还是那么漂亮，就是有点消瘦了，自己多注意身体。”李靓听到这熟悉的问候，眼眶红了，她说：“谢谢你的关心，你现在过得好吗？”“我还好吧，无非上班下班而已，对了，我明年就要当爸爸了。”“恭喜你啊，到时候孩子一定要让我看看。”“一定。”两人说完这些话之后，一下就陷入了沉默。过了一会，一直强忍的李靓哭了出来，她不顾外人的目光抱住了小维。李靓说：“我现在终于知道什么是后悔了，我一直没有忘记你，只有你对我最好。我知道我不能破坏你的家庭，但是这些话我不能不说。”小维轻轻的拍着她的肩膀：“嗯，以后有什么困难还可以找我，你也知道我没什么能力，但我会尽量帮你。不过，下一次见面还是不要用拥抱的方式了。”说完，小维就走了，只剩下了李靓一个人看着小维的背影泪流不止。

在爱情里，金钱只是附属品，一旦把金钱看得比爱情还要重，那么真正的爱情就会与你失之交臂。生活很现实，寻找“长期饭票”的观念已经成了很多女孩的固有思想，她们宁可当一个宠物，也不远与年轻的小伙子们一起奋斗，虽然这样做可能会获得一时的快乐，但是却很可能失去一生的幸福。

一个女人需要的是一个温暖的家，而不是一个金色的坚硬的空房子。一个真正幸福的女人是既拥有幸福家庭又拥有金钱的女人，这二者之间并不矛盾。如果你认为幸福来自对财产的占有的话，那你就错了。幸福不在于我们拥有什么，而是在于我们内心的满足感。有这样的一个姑娘，她不奢求将来能嫁给什么大款，她只想两个人有个自己的小窝，安安稳稳地过一辈子。或许这才是爱情吧，纯粹的爱情是超越金钱的存在，它一定不会受到金钱的污染而改变，它的强大能让人感到自己的渺小，也能让人不由自主地心甘情愿。

“结婚靠老公，老了靠儿女”这种依靠思想要不得，虽然我们不提倡女人都成为冷漠的女强人，但是绝不能成为一个完全靠着他人过活的附属品。因为婚姻和他人都不能成为你未来的保障，所以一个女人要思想独立进而经济独立，让自己充实起来，这样才能过好自己的美丽人生。

当然金钱之于女人，也不一定完全都与爱情有关。我觉得更重要的是一个女人对于金钱的态度，看待金钱的一个好的态度是把它看成是循环流动的——也就是说，应该把钱花出去，花在有意义的事情上，蓄水没有意义，除非我们用它来发电；同样的，如果我们存钱是因为花钱太痛苦的话，那也同样是没有意义的。金钱能够带来的富足和安定，我们不可否定，但是金钱有时也会带来欲望和奢靡，女人适当地把握其中的度，让金钱对你的情趣和气质相契合，让它装饰你的人生，而不要让它主宰你的人生。一个知性优雅的女人完全可以控制金钱与自己的关系，她对金钱有一种吸引力，会使世间美好的东西都源源不断地向她靠来。

女人，永远不要成为守财奴。我们不仅不可以因为谁有钱就攀附谁，更不可以让自己的钱发霉发臭。一个懂得金钱价值的女人，她会采用正确的方式来使用它，而不是让它成为一串数字，只为了自己吝啬的本性。有一些人，他们并非没有钱，实际上他们很有钱，可是他们照样吃着最便宜的饭食，穿着最平常的衣裳，只为了把这些钱省下来存起来，供自己陶醉，供他人仰慕。这些人就是典型的“葛朗台”，葛朗台是巴尔扎克的名著《人间喜剧》中最著名的角色。葛朗台不仅是一个守财奴，他还通过各种手段聚敛财富，至死都乐此不疲。小说通过对葛朗台的家庭生活的描写，塑造了葛朗台吝啬、奸诈、贪婪、残忍的暴发户形象。葛朗台拥有丰厚的家产，却居住简单，饮食简单，每天都要亲自分配食物，在每年固定的日子生火盆，熄火盆，全家的衣物由妻子和女儿缝制，过着一种近乎修道院的生活。这样的吝啬鬼他根本不会支配金钱，所以他也就失去了挣钱的意义，钱是用来花的而不是看的。

如果我们仅仅把钱当作我们生活当中很小的一部分，几乎不去想钱的问题，我们会变得很快乐。为了实现这一点，我们必须尽量避免欠债，因为通常身负债务会很难摆脱。学会按你的计划而不是冲动消费，如果你确实要借债，首先得有一个完善的计划，然后选择一个可以接受的合理的贷款项目。尽量避免复杂的高风险的投资计划，这种投资可能有高回报，可是同样有很大的风险。一个好的财政计划应该是简单的能保持平衡的，这样你就不会因为收益的问题而担心了。

钱只是经济社会中人们使用的工具，并不是能够影响到你内心的东西，所以你如何看待它，它就会如何回馈你。女人，最离不开的应该是感情，应该是家，应该是这些温暖的羁绊，而不是该是金钱。金钱的本身并不可爱，它难道漂亮过一幅字画吗？当然不可能，它只是能够换来我们想要的东西而已。

亲爱的女人们，让我们轻轻松松地生活吧，自己支配生活，而不要成为给金钱打工的人。再多的钱也换不回来你的感情，更换不回来你的尊严，所以请明确金钱与自己的关系。未必钱多乐便多，财多累己招烦恼，让它成为生活的调剂品吧，看得淡一些，你就会生活得更快乐一些，离幸福的明天也会更近一些。

2.一个人要学会快乐

没有什么东西会一直陪在我们的身边，所以在很多时候一定要学会一个人享受生活，感受精彩。可人都是怕寂寞的，在这个时代更为如此，本来就人情冷漠的社会让人们更加珍惜相聚的时光，所以我们可以看到太多的人因为空虚而强行成群结队，这是因为人们都太害怕独处。人天生就是一种群居动物，所以这种天性会使我们多出很多烦恼，不过这也有利有弊，有利的是让我们可以多接触他人，了解他人，从而更好地让自己适应人群和社会；而有弊的地方是可能让我们失去单独面对困难和突发情况的能力，使自己十分惧怕孤独，一旦落单就会郁郁寡欢，无所事事。

当今的社会上诱惑很多，同时危险也很多，因此很多女人都希望自己能够有安全感。女人最重要的感受就是安全感，一个对危险都不敏感的女人，可能某一天就会遇到自己难以控制的麻烦。乐于寻找安全感的女人更喜欢往人堆里去，因为在人群中能够让她不再寂寞，也能让她得到他人的肯定，以此满足自己的自尊心。久而久之，女人很容易在这样的环境下迷失，一旦剩下了自己，她们往往就会觉得无聊忧郁，甚至悲伤痛苦，这时的她们会放大自己的难处，只希望他人来帮助自己，而不是自己来解决问题。我们都不是太阳，当然没有理由要求所有人都围着你转。所以，很多时候我们需要自己面对，不要埋怨，也不要自怨自艾，那些对我们的生活毫无帮助。

有一些女人在结婚之后，会对老公很依赖，她们十分害怕老公不在身边的日子。可两个人一起的时间太长，就会让自己少了很多个人空间，他会觉得不自由，同时你也可能觉得很累。这就是物极必反的道理，太过甜腻就容易走到苦涩，所以我们一定要有个人的空间。

彤彤是一个结婚一年的女孩，她十分喜欢和老公腻在一起。可是她老公的工作却很忙，隔三差五就要到公司加一个夜班，这就导致了彤彤每周至少有两天的时间是自己一个人在家的。最开始的时候，彤彤还能忍受，看看电视，玩玩电脑，累了就睡了。但是时间一长，彤彤开始有了怨言，她觉得为什么别人的老公都能天天回家，而自己的老公却不可以呢？此时的她也不愿意看电视了，更不愿意玩电脑了，一个人在家总是觉得是那么冷清和冰凉，一向有些胆小的她夜里更是睡得不踏实……时常袭来的孤独感让彤彤难以忍受，那种孤独感、无助感将她压得喘不过气来，所以有时她老公回家的时候，也得面对彤彤的一通脾气，他虽然无奈，但是也没法发作。

人就怕对比，有一次情人节，彤彤一个人去街上闲逛，她看着一对又一对的情侣在她面前走过，在这个初春时分，她感到了深深的寒意。她觉得自己很委屈、很孤独，于是当天就在电话里和老公狠狠地吵了一架，随后就提着行李回了娘家。一到家里，她的妈妈看见她这个样子，就详细地询问了她的近况，彤彤就跟妈妈倾述起来。听完之后，她的妈妈说："你觉得，一个男人是有事业心好，还是没有好？"彤彤不假思索地说："当然是有事业心好啊。"妈妈又说："他是一个有事业心的孩子，你们都还年轻，现在他如果不拼搏，天天都无时无刻地陪着你，那么你们的将来会怎样呢？况且他也只是那么几天不在家而已，大多数的时候你们都是在一起的。而且，我的闺女，你要明白，一个人的时候也能过得很快乐。"

第二天，彤彤的老公亲自到丈人家里接老婆，他表现得很愧疚，彤彤也没说什么就跟他回了家。从此之后，彤彤明白了，女人应该有自己的空间，应该学会独处的能力。于是她在老公加班值班的时候为自己安排了很多很多事情来做，比如看书、看电影、听音乐、健身，等等，如此一来，她原本"孤独"的时间都被占满了，也没空再去想是不是寂寞了。而且再这段时间里，她发现自己是能够脱离家庭而独立思考的，这种心平气和的感觉她以前从没感受过。彤彤变得更加独立了，不再像以前那样总是缠着老公了，而且他们俩的关系也变得更和谐了。

人是需要人际关系的，是需要与外界接触的，可是这却不能让我们对他人有太多的依赖，也不能对人群有太多的依赖。我们试想一下，假如你连续一周都去和朋友或客户聚会吃饭，天天都很晚才能回家，你会不会觉得很累呢？或许最开始的时候你觉得热闹，但是时间一长只会给你留下更多的疲惫。这就是因为太过频繁的群体活动会让你丧失自己的个人空间，也会压榨你的个人思维，让你的心不再平静，所以你也就没法再敞开心扉迎接快乐。

不仅在与外人的交际如此，即使是在与自己的另一半相处也是这样，每一天都黏在一起未必好。我们都知道一段恋爱在最初开始的时候是最美好的，时间一长，两个人就会暴露各种各样让对方难以忍受的缺点，最后不得不选择分开，这是为什么呢？仅仅是因为我们遇人不淑吗？当然不是，这是因为爱情在最初的时期会掩盖彼此的缺点，此时两个人的眼里都只有对方的好，也就使自己丧失了“理智”。可是时间一长，就会发现对方可能在某些方面没有达到自己的要求，就会产生各种各样的矛盾。这难道就是因为你当初没有看清他吗？未必如此，只是时间悄然地改变了你的心态，你们越熟悉，你对他的要求就越多，所以问题也就越多，仅此而已。因此，爱情最佳的保鲜方式就是度过甜蜜期以后，让彼此都有一个较为宽松的个人空间，不要太多的干涉对方的习惯生活，只有如此做才能让你们更留恋对方，而不是厌恶对方。适当的享受寂寞，适当的独处是很有必要的，这种环境可以让我们冷静，也可以让我们坚强。

女人虽然是温柔恬静的，但是不该是脆弱的，也不该是离开了别人自己就寸步难行的大小姐。我们需要让自己坚强起来，而坚强的其中一个定义就是要参透孤独，每一个强者无不是在孤独的道路上走过来的，所以这是一个人收获幸福的必经之路。

《孤岛余生》这部电影很有名，它的故事框架让人看起来很像《鲁滨逊漂流记》，但是在很多细节方面却又完全不同。在这部电影中，汤姆•汉克斯一个人流落到了一个孤岛之上，这个岛很小，除了他以外没有一个人，甚至连动物都很少。孤独的汤姆没有绝望，他把一只排球做成了“假人”，他给这个“假人”取名叫做威尔森，他把威尔森当成真正的人一样相处，他们就是朋友。汤姆经常没事的时候就和“他”对话，他跟“他”说着自己的种种喜怒哀乐，就这样汤姆的生活平稳地过了下去。可这样空无一人的地方很容易把人憋疯，汤姆也有过狂躁的时候，他气恼地将威尔森扔了出去，并且指着“他”一通咒骂，但是没过多久，他就又把威尔森捡了回来，不仅把威尔森重新“修”好，还真诚地向“他”道歉。这并不是因为汤姆疯了，而是他真正地理解了生命的含义，他需要陪伴，哪怕只是一只篮球的陪伴。他在这个孤岛上的生活，足够他回忆一生，也足够他受用一生。

整整四年的光景，汤姆靠着自己顽强的意志力和精湛的野外生存能力活了下来，而且最后靠着自己的意志回到了原来的故乡。

孤独是我们人类必须要面对的一个情境，没有一个人不曾孤独过，但是怎样解决孤独和享受孤独就是另一回事了。我们要知道，但凡有所成就的人无不是耐得住寂寞的人，他们在独处中享受自我的世界，让自己的头脑能够清晰判断自己，判断事物。当我们独处的时候，可以发现自己的能力，也不会因为外界的不堪而分心，更可以以此来开展更为丰富的长处，让自己独树一帜，让自己走向成功。

懂得独处的人是智者，而一个迷失在人群中的人是失败者。人群中有欢歌笑语，同样也有狡诈算计，我们融入到什么样的人群之中，也会使自己改变，所谓的“近朱者赤近墨者黑”便是如此。所以，我们想要保持本色，就必须要学会独处，独处才能让自己的本色凸显出来，才能让自己的思想锋利起来。

女人从来就不是弱者，我们要相信自己能够面对一切。我们不怕生老病死，我们不怕悲欢离合，我们更无须害怕孤独的日子，你要看到孤独尽头的光明，而不该沉溺于孤独的悲伤中难以自拔。

3.不被外界污浊所污染

当今的时代是最好的时代，也是最坏的时代，它灯红酒绿夜夜笙歌，它纸醉金迷物欲横流，它有着最美丽的外表却又有着最丑陋的表现，所以生活在这个时代的我们必须要适应它，也必须抵制它。

女人在这个时代里需要的品质很多，比如我们需要坚强，我们需要睿智温柔，可我们更需要洁身自好。这个时代的诱惑太多了，过于发达的经济带动了人们对于财富和生活的过分追求，现代人早已不满足于温饱，而是已经到了享受“奢靡”的地步。这就是现实，但拥有这样能力的人并不多，甚至可以说很少，这些人却是这个社会上当之无愧的明星，也是很多女人心仪的“金龟婿”。不过，无论如何，我们都应该明白，人这一生总要有点坚定的信仰，否则只会让自己迷失得更快。一个没有素质和信仰的人，就会没有底线，就会急功近利。即使有一天，他得到了一切，却会失去自我。

人一定要有信仰，只有这样才能不被外界的诱惑所污染，这一点对于女人来讲，尤为重要。这里所说的信仰不一定是宗教信仰，而是一种积极形态的意识，我们可以相信真诚善良，我们可以相信爱，虽然社会已经变得不那么纯粹，但是我们要相信这只是一个奔向更好的过渡期，而我们是其中的参与者和建设者，所以完全可以在世俗的道路上走出一片自己的天空。

阿清是一个来自西北的姑娘，因为家庭很困难，她不得不来到大城市闯荡。从下了火车的那一刻开始，她就被都市所吸引了，她从来没见过如此漂亮的大厦，她也没见过如此多的美女，她们都穿着她没见过的衣服，她们都带着她未曾见过的眼神。这一切的一切让阿清感到新奇又不安，虽然有那么一点点害怕，但是她却知道自己在内心深处是喜爱这里的，她爱这里的繁华，她早就厌倦了山村的寂静，特别是到了晚上，城市里每一天都好像过年一样，而她的家乡却是死一般的沉寂。

在这里过了几个月，她靠着在餐馆打工的营生来养活自己，她对于明天还是懵懵懂懂，并没有什么确定的打算，但是她唯一明白的是她要挣钱，挣很多很多的钱。有一天，她租住的出租房里又添了一个新的租客，也是一个女孩，两个人就这样认识了。阿清不知道那个女孩是做什么的，但是她看得出来那个女孩身上的衣着价格不菲，身上也有着一股久久不散的沁人心脾的香气。这个女孩倒是并不嫌阿清的土气，经常和她聊天，在她们的交谈中，阿清了解了她的职业，原来她是一个KTV的服务人员。仅仅在她们认识的第三个月，这个女孩就要搬出出租屋，她跟阿清说自己现在有钱了，要回老家买一套房子。这天晚上，她们两个聊了许多许多，阿清真正正正地明白了这个女孩究竟是从事的什么行业。阿清也喜欢那些漂亮的衣服，也喜欢那些精致的饰品，可是她都未曾拥有过，于是在这个朋友搬走的夜里，她生平第一次失眠了。没过多久，她就通过这个朋友的联系，也走上了那条“不归路”，那些空虚堕落的生活湮没了她，让她在这样的生活中难以自拔。

女人很容易受到外界的诱惑，更容易被外界的诱惑改变，可有很多时候这些诱惑并不是真正促使我们向上的东西，相反的是加速坠落。上文的小故事只是个案，相信大多数的女人还是深切地明白什么才是生活的正途。想要在这个时代生活得悠然自得，需要我们自己不去强行攀比，保护自己内心的纯净，始终相信这个世界是温暖的，无论多么恶劣的环境中都不会失去真爱。

这种对真诚、善良、真爱的信仰并不是一种麻醉，虽然我们说了许多现实生活中的丑恶，但是这也仅仅是从一个旁观者的角度来评判。有些丑恶是真实存在的，但是却不是全部，人间自有真情在，我们不要被那些丑恶所污染，我们要相信自己，相信真善美。

一个女人想要不被外界的负面因素所污染，就要做到如下的几点：

①接纳自己

没有一个人是完美的，但是也没有一个人是一无是处的，因此我们要接纳自己，相信自己，让自己的意识占据主动，让它强大到可以抵御外界的一切诱惑和污染。所以，不要因为他人的生活而让自己失去了快乐，他们过得奢华自是他们的生活，我们完全可以安之若素。

②坚守信仰

人必须有自己的原则，遵循个人的信仰，才能让自己在这个时代里不会迷失。女人要做到像《爱莲说》中所谈的那样“出淤泥而不染，濯清涟而不妖”。这就是一个最朴素的信仰，让自己的原则来指挥自己，不要轻易地就把它毁掉，否则你会更加痛苦。信仰是人类精神的食粮，也是人类行为的准则，所以呵护它，就会扩展我们的人生之路。

③相信宽容、懂得感恩

人之所以为人，就是因为人性，我们应该宽容那些伤害过自己的人，我们应该感恩那些帮助过自己的人，这是一种爱的能力，无论何时我们都不该丧失。宽容与感恩的过程是对心灵的洗涤，这个过程能够让你屏蔽外界的污秽，也能让你细数拥有的快乐，品味拥有的幸福。

④继续付出

世界总有两面性，我们这一章里所谈的正是它阴暗的一面，但并不是它全部的样子。所以，我们依然需要保持一颗赤子之心，有付出才有收获，这是正途，如果通过一些不正当手段得来的收获，便是被污染的堕落了。作为女人，只有坚持给予和付出，才能让自己的身心更加轻松，更加平静，也才能获得更多的美丽体验。

有这样的一家人，他们全家都是虔诚的基督教徒，他们的生活条件很一般，但是他们看上去很快乐。有人这样建议他们，说他们可以自己成立一个小教会，然后通过这个教会赚钱，他们听到这个人的说法后都惊呆了，他们说："信仰是纯洁的，它不该被利用和污染，请您不要再说出这样的话了。"有一天，这家的儿子生意失败，赔了很多钱，最后不得不拿房产去抵债。这一家人从此只能租房住，而且还要更加辛苦地赚钱来填补外债，很多人都觉得他们家可能会因此矛盾不断，但事实上却恰恰相反，他们还是像以前那样快乐，其乐融融。这一家人不仅没有在这次变故中失去生活的信心，反而更加坚定了对信仰的坚持，他们还是不想通过信仰来挣钱糊口，这是他们与外界很多人最不同的地方。

真正有所坚持的人，真正有信仰的人是不会为外界所污染的。因为他们知道何事可为，何事不可为，他们的原则和底线已经定在了那里，久而久之就会让他们那颗善良的心坚若磐石，绝不容易受到诱惑。女人们，我们想要在这个时代里更加自主和独立，就需要坚持自己的信仰，不要悲观地失去对真善美的信任，我们要以正确的心态来认识这个世界，来享受这个世界，来抵制这个世界。

女人本该是纯净的，所以我们不要轻易地让自己蒙上灰尘，让自己不再美丽，坚定自己，让自己在消极中找到积极的力量，让自己在困惑中找到前进的方向，这才是一个成熟的女人，这才是一个完美的女人。

4.不被自己的高要求吓倒

每个人对生活都有着自己的要求，有的人喜欢光彩照人，有的人喜欢低调安稳，这与个人性格有关，这是我们每个人的生活中不一样的精彩。每个人的每一步都是自己一点一点走出来的，上天对于我们任何人都是公平的，它赐予我们选择的权力，然后再根据我们的选择和努力给予我们不同程度的回报。

一个人的成就有多大有些时候取决于他对自己的要求有多高，这也就是自己设定目标的力量。给自己设要求并不是男人的专利，女人一样也要对自己有要求，我们不妨把目标定得高一点，这样自己才能得到更长足的进步，不要把目光局限在已经完成的成就上面，而是要把目光投到未来还未得到的东西上面，这样才能让我们不断地成长和进步。

无论什么目标和要求，都会伴随着不断的艰难和风险，所以不要让困难把自己吓到，要坚强的把困难攻克，这样才能达到自己预定的目标。在现实生活中，当然有很多人无法达到自己理想的高度，没有得到预期的结果。虽然这包括了许许多多的不可控因素，但是我们却不能否认这在很大程度上是因为自己没有忠实于自己的选择，而且也没有一个切实的行动和坚持不懈的努力，所以才会让我们不能得到满足。

我们经常在现实生活中看到很多女人都不敢给自己定什么太高的目标，这是因为大家都对自己不太有信心。可想要改变这种现状就需要我们坚信自己，让自己坚强地面对，这才是忠于自己的做法。当然，我们定的目标也不可太过虚无缥缈，要切合自己的实际情况然后拟定计划，这才是聪明人。

小梁是一个普普通通的女孩，无论学历还是模样都很普通，但是在他人眼中平凡的她在自己的要求上可从不放松。她是一个从小就对自己要求很严格的人，虽然她知道自己并不聪明，但是她却每每通过努力和勤奋来弥补。高中毕业以后，因为家庭原因，她无法再继续上学，于是她在18岁的时候就开始在社会上闯荡。人们都认为，这个平凡的姑娘只能干一点平凡的工作，刚开始的确如此，她第一份工作是在肯德基里做小时工。她每天都勤劳地工作十个小时，每个月挣的钱自己留下一部分，其余的全部给家里寄回去。这样的生活可以说很清贫，但是小梁从来没有抱怨过，她已经给自己作了规划，她希望能成为店长。因为有了目标，她也就有了动力，所以平时在工作中也要比别人更加努力和认真。后来，她慢慢成为了组长，这时候的她，开始更加注意产品的细节和顾客的需求，一点一点地积累自己的经验。坚持了几年之后，在原来的店长调走之后，上层领导决定在本店选用员工出任店长，果不其然，小梁成功当选了。

这个故事告诉我们，你的目标就是你的动力，有了目标就会促进你的进步，你的进步就会带来成功。

大多数女人都是感性的，喜欢别人的呵护，也喜欢向人倾诉。

我们可以在现实生活中看到很多活生生的例子，一旦她的选择对了，如鱼得水，目标得以满足，于是便欢天喜地；可一旦选择错误，就会抱怨，甚至抱怨她身边对她有影响的所有人。所以说，女人经常会把一些事情的一面当做全部，会让一时的麻烦来影响一段时间内的心情，甚至影响到工作和生活。

其实世界上根本没有完美的选择，但是我们一旦选择过后，就不该后悔，而应该全力以赴地去完成它。既然一件事能称之为选择，那么就必然有利有弊，有得必有失，所以我们也无需为此烦恼。其实，选择的本身是对自己的要求，因此不需害怕，只要调整好自己的心跳，让自己一步一步地去实现它就可以了。

人生的时光是宝贵的，我们一定要懂得如何在抉择中进退有度。对自己有要求的人才会拥有更好的人生，因为他会不断地向内求，而不是向外求，这样才能开发出自己无穷的潜力，否则只会坐吃山空，机关算尽却落不得好的下场。

雯雯是新时代的大学毕业生，她不仅聪明有才华，同时也很漂亮有气质。她在上大学的时候就是全校的焦点，不仅出任学校的学生会副主席，还是学校各种大型活动的指定主持人，可以说是叱咤风云的人物。这样一个出色的女孩自然很受男生欢迎，所以追她的人络绎不绝，可是她一个都看不上眼。最后，她选择了一个学校里有名的官宦子弟，这个男生的家境非常好，父亲是一家国有银行的行长。故事跟所有烂俗的剧情一样，很多男生都愤愤不平地看着雯雯就这样坐到了豪车里，但是大家却无可奈何，毕竟自己并无资格去与那个官二代比。而很多女人看到这种情况，都或羡慕或嫉妒地表示为何自己没生就这样一副模样呢？但无论谁甘心与不甘心，都不能改变这个事实，他们两人毕业后就火速结了婚。度完蜜月之后，他们两个由家人安排，全都进入了国企上班，这时的他们就已经房子、车子都有了，而且薪水也不低，轻轻松松就过上了小资生活。但结婚一段时间后，雯雯发现她的丈夫与她真正需要的那种男人相去甚远，他好吃懒做、安于现状，从来也不想明天的自己究竟该怎样去走，或者该怎样给自己的孩子树立一个榜样，他所喜欢的无非是吃喝玩乐而已。丈夫的这种本性让雯雯感到很苦恼，但是她又无法闪电离婚，她怕别人那种鄙夷的眼光，于是她只能默默地忍受着。她眼看着当年那些被她狠狠拒绝的男生们都通过自己的努力升了职，加了薪，甚至已经开始了自己创业的道路，而这都是她想要的。三四年之后，她还是在当初的职位上，她的丈夫还是像从前那样胡闹，如今的她已经对生活麻木了。可她的那些同学却好多已经变成了威风八面的人物，这种对比让雯雯感到很难过。曾经高高在上的她，如今已经因为生活的不如意而变得有些苍老了，红颜不再，这让她感到很迷茫，是不是她最初的选择就错了呢？是不是她对生活的要求偏颇了呢？或许是的。

一劳永逸的选择是不存在的，所以我们对自己的要求就不该是这样。人不能阻止自己前进的脚步，人是要靠自己的，女人同样如此。当自己做出的选择，一旦产生错误，就要及时发现和改正，转而朝正确的道路前进。

女性朋友们，我们要敢于要求，多做选择。永远不要被自己的高要求吓到，只有高要求才能带来正能量，才能激发潜力，才能拥有美好的人生。人总是有什么样的取舍，就会拥有什么样的人生，所以幸福的女人之所以幸福，是她自己主动要求的幸福，而不是靠他人给予的。

5.寂寞是专属的独特的风景

布满阴霾的天空始终压在这个时代的头上，让这个时代变得嘈杂又紧迫，这个时代人与人之间的联系越来越密切，这个时代人与人之间的关系越来越冰冷。很幸运又不幸的我们出生在这个科技极度发达，而人的内心却极度脆弱的时代，所以我们要想在这个时代里找到那些温暖、快乐和幸福，就需要自己安然的心境。

孤独和寂寞是一种心理状态，它的出现不可能像流感那样转瞬即逝，它更像那无法根治的绝症一样，紧紧地跟随着我们，它特别喜欢那些心理脆弱的女人们，如附骨之疽般缠着她们，让她们陷入无尽的消沉低迷中，让她们失去对爱与幸福的感知。

越是繁华的时代，就越会让人感到寂寞，因为繁华会促生许许多多让人满足虚荣的际遇，所以每个人都在拼命地奔波着。我们在城市里能够看到太多行色匆匆的人们，他们披星戴月，他们气喘吁吁，他们着急得咒骂，他们开心得揩油，这就是现代社会对人们的改变。而一旦离开了这样蝇营狗苟的人群时，不但不会因此而感到久违的安静与祥和，反倒觉得不习惯，反倒觉得寂寞，这就是现代人的心理疾病。

女人是害怕寂寞的，这是因为女人天生身体上的羸弱会让她在心理上产生弱势的感受，所以她们特别喜欢群居，这正是她们不够强大的表现。但是群居的生活不可能是你每一天的生活内容，总会有不同的事故来影响你，所以寂寞就会悄悄地跟随你，让你处于一种心理失重的状态。寂寞，在人的行动和思想上有两种形态：一种是因为客观条件的影响，让人们不得不面对的寂寞，比如那些远赴边关驻守的官兵们；而另一种是无形的寂寞，是因为一个人在工作和生活中无法清晰地整合它们，使自己慢慢在生活中变得空虚，失去了精彩的精神世界，从而才会感到孤身一人时的难熬，这是因为自身的脆弱和敏感所造成的感觉。

最严重的孤独寂寞是当你身处人群之中时，却还是在喧闹中找不到一点慰藉的感觉，反而感觉内心的世界与外界的事物更加格格不入，这种寂寞是致命的，它可能是大智慧开发的前奏，也可能是一个人沦落的开始。一个长期被寂寞感觉笼罩的人，就容易在精神上受到长时间的压抑，就会使心理失衡，从而影响智力和潜能的发挥，更严重者甚至会影响整个人生轨迹。所以，女人一定要学会与寂寞抗争，不要让寂寞统治你的生活，当然在客观的环境下，我们根本不可能逃离它的桎梏，但也要学会享受寂寞，寂寞其实没那么可怕，可怕的是你沉沦在寂寞里。

七年前，玛雅失去了她挚爱的丈夫，相濡以沫的丈夫的离去让她悲痛欲绝。从那一天开始，玛雅就陷入了不断的痛苦和寂寞之中，整日郁郁寡欢。她曾与她的朋友这样哭诉过："我究竟该住在哪里？我究竟该做点什么呢？每一天夜幕降临的时候，我只能听见自己的心跳声，整个屋子安静得像死了一样，我一点能干的事情都没有，很寂寞，很难过，每天都整夜整夜的失眠。"她的朋友说："寂寞是我们每个人都必须面对的，虽然你很不幸，但是你还不到50岁，你不该这么落寞。亲爱的，你要明白时间会冲淡一切痛苦，一切都会好起来的。"玛雅大声的吼道："不！你根本不懂，我真的不相信自己还能有什么幸福的日子了！我不年轻了，而且孩子们也都不在身边。

孑然一身的我还有什么乐趣可言呢？这种寂寞的感觉让人了无生趣。”她的朋友也不知道该如何安慰她了，只能轻轻地抱着她。

玛雅从此陷入了自闭，每天的无聊和寂寞让她容颜苍老的极快，没过多久，她就已经全白了头发。她的朋友见到她这个样子，忍不住跟她说：“我想你并不是要特别引起他人的怜悯，你只是被寂寞折磨坏了心理。无论如何，你都要重新建立自己的新生活，不要让过去困住你，不要让寂寞征服你，你要学会享受寂寞，这样才能让自己真正的迎接新的生命。”玛雅虽然知道朋友说得不错，但是她却做不到，依然在寂寞中自怨自艾。后来，她的大女儿看到母亲的状态十分不好，就主动带着小外孙来陪她。可这件事的结果十分令人失望，由于玛雅的过分孤僻，使得她和女儿外孙都无法相处，最后她甚至痛骂自己的女儿根本不关心自己，险些闹得母女反目。小女儿见到这样的情况，实在没有办法，只能把玛雅接到自己家里住，但是没过多久，还是出现了一样的情况。最后，经过女儿们一致商议，只能让玛雅自己去公寓里住了，她们共同供养，但这时的玛雅已经心理扭曲了，并开始伤害自己。她的朋友又来探望她了，玛雅对她哭诉：“我的这些孩子啊，没有一个孝心的，全都弃我而去，我不知道还活着有什么意思。”她的朋友知道她已经失去了生活的决心，所以怎样的劝说都无计可施，只能每天抽出一些时间来陪她。但有一天，她不停的敲门，玛雅都没给她开，她慌乱之下就请人打开了门锁，发现玛雅已经死去了，死因是由于服用了大量的安眠药。玛雅这个人是可悲的，她不仅没有躲避寂寞，也没有征服寂寞，更别说享受寂寞了，最终落得了这样凄惨的结局，让人不禁叹息。

孤独是难忍的，寂寞是难堪的，但是这些却是我们在生活中无法避免的。很多陷入寂寞这种自怨自怜情况中的女人都不是故意为之，她们很多都是在人生道路上遇到了坎坷，所以我们也不能就以她们性格脆弱而一言概之。而有些女人因为寂寞就开始找刺激，以至于犯了让自己都不能原谅的错误；有的女人开始感叹怀才不遇，知音难觅；也有的女人开始对这个世界绝望，痛恨它的世俗，咒骂它的虚伪……总而言之，大多都是一些负面的情绪来操纵着她们，让她们难以脱离那种境地，也就陷入了无边的苦恼和寂寞之中，这是一个恶性循环。

美国的密尔斯大学校长怀特博士曾做过一个这样的演讲，演讲内容放到今天来看非常的有意义，他说："新世纪最流行的疾病是孤独和寂寞。用大卫·利斯曼的话来说，我们都是寂寞的一群人。由于人口越来越多，所以人性就必然会汇集成汪洋大海，根本就不能让我们分清谁是谁……居住在这样的一个环境里，再加上政府和各种企业经营的模式，人们必须经常由一个地方换到另一个地方工作，所以人们的友谊无法持久，时代就像进入了冰河时期一样，使人的内心觉得冰冷不已。"当年的一个演讲，如今已经成了预言，这个时代果真进入了"冰河时期"，人们之间的关系不再那么牢不可破，甚至大多数的人都没有关系，这种情况让人十分担忧。

看起来，寂寞的确是让人感到恐怖的东西，但是它真的就像表象这样苍白无奈吗？或许并不是，只是我们把它想得太恐怖而已。其实寂寞是一个修炼内心的过程，不知道大家有没有感觉到，一个人只有在一个人的时候，才能得到心灵上的蜕变。

寂寞并不是可怕的，相反它还是能让人改变的，这完全取决于我们自己的内心。当我们可以把这些磨难当做修炼的时候，就会在寂寞中得到心灵的升华。

一个在都市里习惯了灯红酒绿的青年忽然有一天感到了疲惫，他甚至想要主动逃避这样的喧嚣和热闹，这并不是因为他不思进取，只是他实在是感到了麻木和不安。在这样的现代社会里，他每一天的生活仿佛都是固定的，除了拼命地工作就是拼命地玩，凡事都是那样的用力过度，这种感觉让他很痛苦。他希望自己能够有一点时间来思考，但是他做不到，因为在他安静下来的时候就是他睡觉的时候。苦恼的他在一次国庆休假的时候驱车出游了，他没有带一个朋友，也没有一个确定的地点，不知不觉他就进入了一座深山，这里十分安静，他突然有一种冲动想停下来走一走，他看着这久久未曾见过的如画的风景，这种感觉让他热泪盈眶。这里没有什么村庄，只有一条通往城里的公路，于是他就把车往路边开了去，这样的一个下午他就在这样的静谧中度过了，虽然偶尔会有路过的车辆打扰他，但是他好像摸到了那么一点感觉，就是那种活着的感觉，那种生意盎然的感觉。这种环境是绝对安静的，也是绝对寂寞的，曾经的他是那么害怕寂寞，一旦让自己闲下来就不知道做什么，很多时候都不会去想自己究竟想要什么，想做什么，现在的他终于明白了，原来寂寞才是对自己内心的最佳修炼，只有这样他才能触摸到过去不曾明白的境界。

寂寞并不可怕，只看我们怎样面对它，如果你在内心就对它妥协了，那么它就会把你压垮。可如果你享受这种寂寞，就会让自己的耐性和心智都提升一个档次，会把自身练就得更加坚不可催。

一个女人尤其不该为寂寞所困扰，因为这是你一生中的必经之路，我们不可能永远处在人群的中央，我们无法永远保持美貌，我们无法永远成为焦点，所以总有一天我们需要自己面对这个世界，在这个阶段，又怎能不面对寂寞呢？你觉得寂寞是可怕的可悲的，但是它却还是会跟你如影随形，但是你如果看得轻一些，让自己在这段寂寞的时光里，享受这专属自己的时间，那么就会有收获。

想要得到最美的辉煌，就要忍受最孤寂的寒冷。没有什么是轻易就能得到的，当我们拥有了财富和名声之时，很可能会失去自己生命的目标，所以我们就要在最喧闹中和最寂寞中跟随生活的起伏来调整自己的心情，改变自己的性情，这样的我们才能征服自己，征服世界。

6.女人的信仰就是自己

在网上曾经看过这样的一句话：一个有灵魂的女人，才是一个有魅力的女人。一个有信仰的女人，才是一个有能量的女人。可以暂时茫然，但不自怨自艾，可以一时感慨，但不一直沉迷。若是美好，叫做精彩。若是糟糕，叫做经历。这段话真的道出了一个女人面对人生的状态，我们不应该妄自菲薄，缺乏自信，也不该为了什么而付出自己的全部身心，女人的信仰应该是自己。

女人只有掌控自己的命运，才能生活得足够舒适，否则即使拥有的物质生活再充足，也只能是别人的附属和玩偶，无法成为自己的主人。我们都知道古代的政权对于人民的控制手段是什么，那就是在思想上遏制，在思维上控制，这样就能达到统治的手段。如果把这样的方式放在我们自身上也是可行的，我们一定不要被什么外界因素来影响自己坚定的内心，相反的是要让自己更加坚定，如果你做的是一个正确的选择，那么这次决定就不是固执，而是执着。

如今的生活中，我们看到了太多的女性朋友们还是选择把自己的命运交给别人，比如丈夫，比如父母，比如领导，比如……单纯的她们把自己轻易地交给了他人，她们自以为这是一种信任，其实这只是一种惰性和懦弱。虽然已经步入了新时代，不再存在什么男尊女卑的观念，但是很多女人却还是没有完全在心理上消除对他人的依赖，她们对自己不够自信，所以她们一直坚信自己无法抗争命运。其实未必如此，如果命运真的全都注定好了，那么我们任何人都不必劳动和奋斗了。命运，只是弱者给自己失败找的借口；命运，注定是强者要打破和踩碎的笑柄，我们人生的意义就是要做自己的主人。

雨阳是个温柔的女孩子，她身边所有的人都会这样评价她。她结婚有一段时间了，因为诸多原因，她并没有选择那个当初苦恋自己的男人，而是嫁给了一个经济条件优秀的男人，这样的故事在这个时代实在太多了，恐怕每一个人都知道这样的婚姻的后果。雨阳未必不知道，但她和她的家庭都想赌一下，而赌注是雨阳一生的幸福，虽然很冒险，但是一想到收益可能很大，于是就义无反顾地这样选择了。在新婚的那一段时间里，丈夫对雨阳还算得上不错，可是随着时间的慢慢推移，他开始对雨阳感到厌烦了，经常不愿意回家。雨阳本来性格就不是很强势，所以她没有底气和丈夫争辩，而且她十分好面子，所以她并不想和任何人说她的苦恼，还会在他人的面前与丈夫装作甜蜜又恩爱的样子。没有人知道，在人前如此甜蜜的一对，回到家里竟然是一句交谈都没有的“路人”。她的丈夫觉得雨阳如此忍气吞声，必然是有一些目的，所以他更加变本加厉地胡闹，丝毫都不觉得雨阳是在包容他。这夫妻二人在最根本的生活出发点上就已经产生了如此大的分歧，他们的生活如何，相信大家都能够想象。有一次，她丈夫竟然在喝醉了之后带回了一个女人，并且让雨阳自己去客厅住，雨阳控制不住情绪开始大声跟他争吵，她丈夫毫不犹豫地给了她一个响亮的耳光，把她打翻在地。这漫长的一夜，她一直无法入睡，想了很多很多，但是却没有找到一条理由是能够让自己鼓起勇气与这样的生活说再见。她的骨子里还是认为自己该“嫁鸡随鸡嫁狗随狗”，她嫁给了他，这就是自己的命运，人怎么能争得过命呢？她丈夫见雨阳这样都能忍下来，更加肆无忌惮，甚至开始毫不留情地对雨阳拳打脚踢。这一天，雨阳看着自己浑身上下的淤青，她觉得生命已经失去了意义，她的生活道路也到此为止了，于是她走上了阳台，站在这座奢华的高楼上，一跃而起，融化在了蓝天里……

这样的女人在如今并不在少数，其中不乏一些嘴里天天说着自己就是“女汉子”的姑娘。其实她们都在用这种不在乎来掩饰着自己的在乎，她们怕被人看穿，她们怕自己对人相信，她们怕自己对人依赖，但是越怕就越有这个趋势，一旦依赖就无法撇去，直到绝望，然后在绝望中要么毁灭，要么重生。

有时候，从表面上看，这些女人是温柔体贴的，但是在本质上看，这是因为自卑心理造成的不自信，因为对自己的命运产生畏惧，于是只能把命运交给他人或上天来处置。所以，我们可以看到在现实生活中各大宗教的信徒都是女人居多，这就说明了女人喜欢给自己的生活找一个寄托，也喜欢给自己强加一个信仰，这种信仰是为了弥补自我控制力的不足，她们需要这样的一种精神寄托来稳定自己空虚的内心。或随波逐流，或得过且过的女人都不会成为自己生命的主人，她们可能会觉得这样很讨人喜欢，因为自己可以满足他人的要求，可是这却是让人有机可乘的契机，谁都不是谁的玩物，女人千万不要让自己成为某人生活中的附属，否则你只能得到一个悲惨的结局。

一个丑陋的女巫流浪了千山万水，这天终于来到了她心仪的那个王国。她略施法术就见到了国王，她问了自诩为“智者”的国王一个问题：“女人最喜欢什么？”问完这个问题她就悄然消失了，她后来托人告诉国王，如果他在三天之内回答不上来，自己就做法毁掉这个王国。那个时代里，女巫的能量是无穷大的，于是国王和臣下们都绞尽脑汁地开始想这个问题的答案，但是很可惜他们谁都没有一个完美的答案。三天之后，女巫出现了，国王惶恐地承认自己并没有找到答案，作为弥补，他答应可以满足女巫的任何条件。女巫微微一笑，她说：“你这么年轻，应该还没有册封王后，那么我就要做你的王后。”这句话一出口，宫殿之上所有人都变了脸色，但是却都没有办法。国王为了国家安危，只能选择答应她，于是女巫就成了名正言顺的王后。结婚当晚，女巫告诉国王，其实她能够在一天的一半时间里变成美女，国王可以自己选择是在白天还是晚上。这个国王没有选择，他说：“你现在已经是我的妻子了，我尊重你的意愿，你愿意什么时候变就什么时候变，即使不想变也没关系。”女巫听到之后，非常感动，为了报答国王，她就选择在白天和晚上都变成美女。国王越来越爱她了，但是他一直没明白当初那个问题的答案是什么，直到女巫愿意为他生下儿子的时候，他才明白了，女人最喜欢的是能够自己掌控自己的命运，让自己成为自己的信仰。

信仰自己的女人，掌控自我的女人，她们从不把希望寄托在他人身上，更不可能轻易地将自己的幸福托付给他人，她们相信这些是她自己专属的经历，并不需要假手他人。做自己人生的主宰，女人就会收获他人的尊敬，收获自己的幸福，于是理所当然地可以拥有自己美好的人生。虽然这样“不温柔”的女人可能会遭到很多磨难，甚至遭到比男人还要多的磨难，但是她们不会再轻易崩溃，不会再轻易妥协，她们愿意为了自己的未来付出泪水和血水，所以她们配得到成功，她们更配得到他人的叹服。

中国女子乒乓球队中有一个传奇人物，她就是邓亚萍。这个乒坛名将在上个世纪90年代可谓是家喻户晓，她身高不足一米六，样貌也很普通，但是却凭着细腻的技术和扎实的心理素质赢得了一个又一个重量级的世界冠军，成为了中国的骄傲。有人在采访她的时候问她：“是什么让您得到了如此多的荣誉？是天赋还是努力？”邓亚萍轻轻一笑，她说：“自信！”确实是这样，我们可以在她的比赛中看到她不止一次劣势翻盘，从容和自信使她在气势上就压倒了对手，所以她能够以这种王者之气统治一个时代。

邓亚萍在5岁的时候就到了体校打球，9岁就进入了省体育院校乒乓球集训队，10岁就成了市体委乒乓球队的一员。随后的她开始慢慢进入更大的表演场所，最终成为代表中国向世界应战的第一种子，她一人得过4枚奥运金牌，也得到过14个世界冠军头衔，同时更是创造了连续八年在女乒世界排名第一的记录，成就了一段神话。在我们看来，她的人生是一帆风顺的，她也是足够强势的，可是这却只是表面。其实邓亚萍在最初进入国家队的时候，并不被教练和领导器重，因为她的身高有劣势，而且资质也只能算是一般，这样的苗子想要培养成才并不容易，况且她在平时的训练赛中表现也很平平。那段时间里的邓亚萍，是大赛里的替补，是即将被国家队淘汰的选手。这个时期的她默默无名，就算被遣送回原籍也没人知道，所以邓亚萍的压力非常大，她也不想自己就这样终结了梦想之旅。

这个向来不认输的女孩下了一个决定，她要一鸣惊人。自信的邓亚萍不认为自己比别人差，她的弹跳力好，同时反应也很敏捷，这都是她的优势。但是她有一个问题，那就是在训练中与队友的比赛往往打不好，这恐怕是因为自己的特点太被针对所造成的，所以她必须要充实自己的技术。每天早上，她都是第一个起床，她去跑步、拉伸，练习基本功。到了晚上，她也是最后一个离开训练场的人，每一天她都会带三双鞋去训练场，因为每一天这些鞋都会全部湿透。

机会终于来了，在一次国际比赛中，主力选手因为盲肠炎而不能参加比赛，教练只能让邓亚萍替补登场。她很重视这个机会，告诉自己一定要把全部的实力发挥出来，结果，她成功击败了诸多强敌和队友拿到了第一名。这一次的一鸣惊人让她彻底在国家队翻了身，这个自信的女孩终于成了种子选手，从此之后，我们便常常看到她看在领奖台上的身影了。

女人天生虽然是温柔的，但是却并不代表是软弱的。女人需要坚信自己，需要坚持自己，只有你自己才能有改变自己的能力，而不是要靠他人的带动和提携，一次两次的雪中送炭可以，但是一旦成为习惯，就会让你产生不由自主的依赖感，也就会害了自己。

女人经常会认为男人喜欢小鸟依人，夫唱妇随型的女人，其实这并不完全，甚至可以说是基本错误的。男人喜欢的可能是这样的女人，但是让他痴迷的绝不会是这样温柔的女人，男人喜欢自己无法完全控制的感觉，只有这样的野马才能激起他的爱意，也能满足他们虚荣的征服感。

当然，我们女人并不是为了取悦男人而存在的，我们是要为了自己而存在的。我们的命运就在自己的手中，从来都不曾流失，在你倔强的一步中有太多的重量，它们蕴含着你明天的幸福和快乐，铺垫着你未来的成功和精彩。

4

第四章　积极热烈的坚韧之香

1.不要灰心丧气的人生

人的一生中总要面对各种各样的挫折，很多时候这些挫折都是我们无法摆脱的，它们就像呼吸一样自然，因此我们如何面对它们，解决它们就成了人生中的一大主题。可我们都知道，人和人之间的性格差异大，所以并不可能每个人都能那么坚强积极地解决这些麻烦，特别是女人们，女人很容易受到这些困境的影响，而使自己不能冷静的处理问题，久而久之，就容易慢慢让自己变得悲观，整天都灰心丧气，严重影响了正常生活。

但是我们都知道，女人容易因为一些灰心丧气的状态而走到一个绝望的境地，甚至都容易做出傻事。有人专门做过调查，女人得抑郁症和自杀的概率远远高要于男人，但这也并不能就完全肯定女人天生的弱势，这只是她们性格上的原因而已，女人远比男人要精明和细致，所以就容易想得多，想得偏，所以女人就像那脆弱的美丽的花朵，美艳却也折。

到了任何时候，我们都不该轻言放弃，也不能那么容易的就陷入灰心中，你完全有可能完成逆袭，很多绝境也是可以攻克的，我们绝不能让自己失去了积极的心态，一定要对人生充满希望，如果你自己都已经在灰心丧气中选择了自暴自弃，那又怎么能变好呢？我们要相信自己，努力解决麻烦，这样才能度过难关，才能得到崭新的生活。

无数例子证明，只要你自己不放弃，不灰心，那么就能创造奇迹。因此有一些心理学家说过，在危机到来的时候，支撑我们的往往不是身体，而是我们的意志和精神，只要我们告诉自己，还有希望，不要放弃，那么就一定能解决危机，迎来奇迹和光明。在2008年的汶川大地震中，曾经发生过一个这样的事迹，一个40多岁的男子被压在了废墟之下，他仅靠着一点水就撑过了40多天，直到救援人员把他找到并救出来。很多人都诧异他究竟是怎么活下来的，他说，他是始终都相信自己能出去，从没想过自己无法活下去，就这样坚定的信念帮助他支撑到了最后，直到获救。

在真人真事中，我们可以清楚看到坚持信念的重要性，只要你不放弃生的希望，那么就不会有死亡的降临。可在现实生活中，我们却经常可以看到那些为情轻生的女子，新闻报道过一个20多岁的未婚女孩，因为被男朋友抛弃而导致意识恍惚，竟然在大街上当着路人的面脱光了自己的衣服，放声大哭。还有一个40多岁的已婚女人，她曾经有过一段幸福的生活，有一个很爱她的丈夫，一个很可爱的女儿。可是后来她丈夫有了外遇，打算离开她，这严重地刺激到了她。她感觉到生活没有了希望，于是就歇斯底里地拿起了刀，在丈夫熟睡的时候杀死了他，随后自己精神崩溃，也自杀了。在这么多的悲剧面前，我们千万不能掉以轻心，让绝望的情绪趁机充满了我们的思绪，因此造成一幕幕的惨剧。

容易崩溃和灰心的女人比比皆是，所以我们要反思这种情况形成的原因，究竟是现实太可怕，还是人心太脆弱？我们要明白，即使外界因素再苛刻和痛苦，也不该是让我们放弃生命的原因。如果用精神崩溃或自杀的方式来面对已经发生的事情，那么我们是在用自己珍贵的生命来为别人的错误买单，这怎么会是一个成熟的女人该做的事情呢？我们在这个纷乱复杂的世界上生存着，就不能那么脆弱，就不能那么容易被它所影响，我们需要的是坚强面对一切，而不是在自暴自弃。无论怎样的绝境，都不是我们灰心丧气的理由，要告诉自己能够度过这一切，现在的命运对我们有多刻薄，明天就有多辉煌，所以要坚信一切都会好起来，终究能够再见光明。

林妍是一个成绩出色的女博士，因为从小就学习成绩优异，所以一直以来都是老师和家长的宠儿。这种状况使得她过分争强好胜，从小到大，都要做到凡事第一，养成了她事事追求完美的性格，完全不能接受一点缺憾。毕业之后，她带着她优异的毕业证书开始找工作了，斟酌了许久之后，她去了一家著名的大企业应聘。一向对自己很有信心的她，这一次也相信自己能够脱颖而出，顺利进入公司上班。可是，在第一次笔试之后，她诧异地发现自己竟然是成绩单上的最后一名！从来没经受过这样打击的她，一瞬间就崩溃了，她觉得整个世界都变得黑暗了，所有人对她的眼光也不再是崇拜和包容，而全都是讥讽和嘲笑。林妍想不开了，她甚至丧失了生活的勇气，她悄悄地吞下了一瓶安眠药自杀。所幸的是，被父亲发现了，她被送到医院抢救了过来。林妍所应聘的那家公司领导听说了她的事情后决定去医院探望她一下，同时也督促属下员工仔细再核查一遍她的成绩单。结果出来了，让大家大吃一惊，林妍竟然是第一名，成就遥遥领先于其他人，只是因为当时的电脑程序出了问题，显示错误而已。在林妍和她的父母都认为她绝对会进入这家大公司上班的时候，那位来探望过她的领导亲自给她打了电话，委婉地告诉林妍，她无法再去这家公司上班了。他给的理由是这样的：虽然林妍的工作能力非常强，但是心理素质却不过关，如果连这么一点点挫折都能导致她的灰心丧气乃至轻生，那么她是很难胜任他们高压力高挑战的工作的。这个理由让林妍和父母都无话可说。这个脆弱的女孩下一步究竟该怎样走，谁都不知道，她会因此而改变自己？还是会因此更加厌世轻生呢？

危机和困难永远都不会少，它们是检验我们自身实力的重要凭证。在我们浑浑噩噩的时候，它们告诫我们要紧张严肃；在我们春风得意的时候，它们打压我们的狂妄无知；在我们陷入绝境的时候，它们锻炼着我们的毅力。虽然生命本来就很脆弱，但是这颗心却是可以坚硬似铁的，只要你心够决，那么就不会害怕苦难，心里希望不灭，生命就不息。

女人在这个世界上存在，是这个世界的荣耀，因此我们不该妄自菲薄。不论我们拥有多少知识、美貌，它们都不敌你有一个绝对坚强的内心，只要你抱着最积极的信念，那么所有人都会给你让路，上天也会保护你，让你早日脱离困境。

吴昭是一个坚强的女人，如今她已经成了本地著名的企业家，坐拥上亿资产。当记者问她成功的最大感受是什么时，她说：“做生意让我懂得了很多道理，比如在任何时候都要保有希望。在绝望之后，往往希望就来临了。”当年的她只是一个普通的家庭主妇，遭遇了婚变和独自抚养孩子的艰辛，这些磨难让她不得不对自己当时的生活做出改变，为了能够给孩子一个有保障的未来，她义无反顾地选择了从商。

可是，她毕竟是一个初涉商海的女人，跟任何人都不熟，人们也都不知道她的信誉。所以，刚开始没人跟她合作，也没人向她订货，她的创业之路刚刚起步，马上就要遭遇了关门的尴尬。这时有个人主动找上门来，声称可以从她那里订一大笔货，吴昭很兴奋，她找亲戚和朋友借钱做出了那个人需要的产品数目。但那个人却在收货后没有立即付款，还悄悄地跑了。这让吴昭一下就陷入了绝境，要知道这次的损失可不是小数目，有几十万，这里不仅有借的钱，还有她自己的贷款，如果她无法做到按时还钱的话，甚至会被起诉。

工作与感情上的双双失败，让吴昭产生了轻生的想法，她把孩子放到了父母家，自己一个人来到一处悬崖上。正想跳崖的瞬间，被一个人拉住了，这个男人穿着很休闲，一看就是开着车出来游玩的。这个男人把她带到了自己的车上，并且详细地问了她的情况。吴昭越说越动情，最后忍不住哭了起来，这个男人说：“听到你的这些遭遇，我感到很悲伤，可是这并不是你轻生的理由，我也是做生意的，在最初的时候也经历过和你一样的困难，也有过轻生的念头。但是我没有那么做，我希望能够通过自己改变这样的情况，然后我开始忍耐，这样就有了转机。刚才通过和你的谈话，我觉得你很可信，正好我的生意业务范围内有与你合作的机会，那么我们为什么不一起试试呢？”吴昭听到这些话之后，如同醍醐灌顶一般恍然大悟，她接受了这个新朋友的帮助，最后成功度过了难关。在这一次大的挫折之后，她还陆续遇见过几次困难，但是每次她都没有再灰心过，她相信只要坚持总能看到阳光。

就这样，吴昭一点点地积累着自己的人脉和名声，终于成为了本地首屈一指的女企业家。如今，她经常对别人说："只要你不放弃，不灰心，那么就一定会有希望在等着你。"

人生就是这样，总有不断的打击和意外充斥着每一天，这是生活的主旋律。女人就像一块璞玉，而困难的遭遇正是对她的打磨，只有在苦难中削去了边边角角，她才能成为一件令人赞叹、流光溢彩的艺术品。

积极阳光会拯救我们苍白脆弱的内心，灰心丧气会毁掉我们来之不易的生命，所以作为女人要懂得如何取舍。世上并没有过不去的坎，但是的确有难解开的心结，因此聪明的女人们应该让自己的心灵更加健全，让它拥有自愈的能力。我们的一生是要向着成功和幸福出发的，怎么能够在没到终点的时候就轻言放弃呢？

2.保持活力，掌控生活

有些事情现在不做，可能一辈子都没有机会再做了，所以我们要保持活力，掌控自己每一天的生活，让自己不留遗憾。

我们在现实生活中，经常能看到很多女人不是埋怨这埋怨那，就是无精打采地过着日子，她们完全失去了活力，也不知道生活究竟有什么意义。这种情况虽然不能排除是现在的社会因素所造成的，但也与她们对自己的生活规划不够有关。我们不该成为生活的奴隶，相反的是要成为它的主人，驾驭它并享受它。

一个没有活力的女人是不可能漂亮的，也是不可能有所成就的。当然，工作拼命并不是能保持活力的方法，人的能量就像一杯茶水，如果你不断地引用它，那么它自然会变少。而如果你学会了劳逸结合，那么就如同不断地向茶杯里蓄水，不仅喝不完，还一直能保持温热。

女人面对生活的态度应该是积极的，而不该是怨声载道的，也不该是得过且过的。一个真正有思想和内涵的女人会把自己的生活安排得有声有色，让人称道。那么我们该怎样调剂自己的生活呢？这就需要大家动动脑筋了。

①旅行

旅行在身体上是一个不太难的行动，但是它在心理上却是一个不太容易形成的行动。现实生活中，经常有女孩会这样说：“我很喜欢旅行，但是我却不知道现在该去哪？”如果朋友对她说：“只要你想去，哪里不是问题。比如，某某地你去过吗？”那么她会说：“那里离我们这太近了吧，我随时可以去的，我想趁着年轻去点远的地方，而近的留到老了的时候再去。”由此，我们可以了解到现在很多人对于旅行的想法，她们都想在繁杂的生活中找到一个放松的方式，可是却一直不去实行，总是用“有时间的时候没有钱，有钱的时候没时间”来当借口，其实只要你的心真正的想要放松一下，想要旅行，那么你随时都可以走。“身未动，心已远”是一种意境，而不是一种状态，我们想要让自己改变生活，那么就需要来一次说走就走的旅行，否则你的旅程计划只能在脑海里一直盘旋，永远不能着陆。

我们需要的旅行并不一定是豪华和奢侈的，它完全可以简单到清淡，只是需要寻找一种感觉——快乐、放松。用钱买来的豪华游不一定比得上你自己背着包长途跋涉，繁华的行程耀眼却短暂，但是用心感受的快乐却会永远留在你的记忆里。

旅行是一个放松自己的过程，人必须要懂得劳逸结合。当你在生活中已经感到了烦闷或枯燥的时候，你不妨出去旅游一番，无论是哪里，无论在哪里，只要你暂时离开了你所处的苦恼的环境，你必然会收到一份完全不同的心情，这是人生的必要体验。不要再羡慕别人的城市了，它并不属于任何人，你也完全可以占有它，比如就在你上了飞机的那一刻，它就注定了和你要有一个浪漫温馨的约会。

旅行是刺激的，是冒险的，人一旦离开自己熟悉的环境之后，一定会激发出想象不到的能量，这种经历在整个生活的历程中算得上是一种修行，一种内心的修行。大多数人都会在旅行中找到一些自己未曾知晓的答案，让自己完全蜕变一次，然后更好地契合于生活。

②做一个美食家

吃饭的意义可不是吃饱而已，我们要吃得巧吃得好。大多数心灵手巧的女人们都会做饭，可是很多人却把这当成了任务，匆匆忙忙地切，匆匆忙忙地炒，甚至可能在做饭的时候都在想着其他事，于是这一顿顿的饭就变得寡淡无味，让人提不起一点兴趣。

处于这种状态的女人，毫无疑问已经失去了活力，这是绝对不行的。失去活力的女人就是对生活失去了兴趣的女人，所以我们必须要重新定义对于吃的概念。要知道，世界上只有两种东西是没有国界之分的，一是艺术，二是美食。美食可以刺激我们的味蕾，让我们进入到一个崭新的境界之中，那种享受和快感，那种满足和得意，都让人记忆深刻。由于美食能够给人带来愉悦，所以人们就会在很多心情不好的时候选择吃东西来平复心情。

要想做一个充满活力的美食家，必须要学会发掘美食。美食并不一定非要昂贵的才好吃，街头小巷的小摊并非就没有让你垂涎的饕餮，首先你要放下心中的成见，完全把自己当成一个“吃货”，循香而去，循味而动，这样才能让你找到你心仪的美食。

要想做一个充满创造力的美食家，必须要学会自己烹饪。当然会做饭的女人很多，但是真正做得好的恐怕就不多了。要想让自己做的饭充满“人情味”，那么我们自己首先要充满“人情味”，细心一点，感性一点，充分让自己享受在烹调美食时的快感，也享受那种富有成就感的自给自足。

成为美食家的过程也是培养一个人热爱生活的过程，如果我们不懈的努力，就一定能让自己重拾生活的激情。享受美食、烹调美食只是一种手段，我们最主要的目的还是要激活自己的活力，重新获得生活的乐趣。

③忘记一切的洗澡

女人们都爱美爱干净，所以洗澡是所有女人都很喜爱的“放松”项目。身边有很多女性在结婚的时候，都要给自己的小家做一个简单的规划，其中重要的一点便是她们都很希望自己能拥有一个浪漫的大浴缸，从这就能看得出来女人对于洗澡的热爱程度。

当然，我们要说的洗澡并不是普普通通的让你干净身体，更重要的是干净内心。在你躺在浴缸里的时候，享受着来自四面八方的热气，恐怕你自己都难以抵挡自己那紧致细滑的皮肤诱惑。热水可以刺激皮下血管的扩张，这样就能有效地加快血液循环，促进新陈代谢。这个时间段是旖旎的，是轻松的，所以我们就任由着自己的身体做主吧，不要再让疲惫的大脑支配着它了，忘记烦恼，享受当下的生活。

洗个舒服的热水澡不仅能让你消除疲劳，同时还能达到减肥瘦身的效果。当然，勤于洗澡还对女人的身心有至关重要的影响，每一次的洗浴都感觉像是一次重生的过程，所以我们每一天都要抛弃那个旧的自己，然后快快乐乐的享受明天那个新的自己。

④成为运动达人

现代人的身体都很羸弱，特别是一些女人，有些人为了追求极致的骨感美甚至完全让自己失去了健康的体态，这样可能在某一些人眼里感觉挺美，但实际上这并不是美，美是充满健康、充满活力的，绝不是病快快的。

运动健身是生活中必不可少的一个环节，它会有效地改善我们的身体素质，让我们更好地拥抱健康，同时也会使我们的心情在运动中得到缓解和放松。在一些研究调查中显示，运动可以有效调节情绪，一些经常运动的人，其焦虑、抑郁、紧张和心理紊乱的现象明显低于不经常运动的人。专家表示，适度运动可以促进人体释放出一种叫做内啡肽的物质，这种物质可以振奋人的精神，减少人的抑郁，让人时刻充满活力。

而且运动还能增强自信，增加个人魅力。运动能改变一个人的形体，一些女人可以在运动中找到形体的自信。人的年纪越大，越要注意运动的重要性，我们不要到了年老才感慨当年没有好好呵护身体，我们要做的是从现在开始就锻炼自己，让自己成为一个合格的运动达人。

对于女性来讲，太过激烈的运动并不太合适。所以我们可以从瑜伽、舞蹈、搏击操、滑冰、慢跑、游泳等项目入手，找一个自己最喜欢的运动方式并坚持下去，一段时间过后，一定会收获到意想不到的惊喜。

⑤看一场感动到流泪的电影

看电影是当今社会上非常流行的一个放松方式，也是很多女性朋友们都非常偏爱的休闲方式。但是，电影也分“营养电影”和“泡沫电影”，那些毫无意义的“雷片”，能不去看就别去看，不仅不会给人带来身心愉悦的感觉，还很容易让人走进偏激的误区里。

女人看电影，最好的是选择那种让你感动的电影，如果能让你感动到流泪就更好了。因为“眼泪是女人的生命之水”，眼泪不仅可以清洗你的内心，还能唤醒你对真情的触觉。如果你慢慢地被社会给腐蚀掉了，根本就不会为了什么其他事情而感动的话，那么你也就会慢慢失去活力，慢慢失去对生活的兴趣。

女人需要时刻保持自己那颗敏感的心，让自己不要太过世俗，太过忧郁和冷漠。电影是来源于生活并高于生活的，选择一部好的电影，就是一次对自己内心的检验和修行。我们可能会在这部电影中接触一些从未了解的知识，也能让我们感受一些自己从未体验过的场景，这些都是震撼心灵的旅程。

而且很多电影都会让我们的身心完全投入其中，这就会使我们的情感与之共鸣，此时只需要浅浅的激发，我们就能够跳出理智之外进行一次放肆的情感宣泄。

⑥乐于接受新知

我们都曾不同程度地接受教育，可是在社会上闯荡才发现，我们学到的知识还远远不够。有时这种挫败感很容易让我们感到筋疲力尽，所以就会变得郁郁寡欢或者自卑。而我们想要大步走在人生的道路上，就需要不断地给自己补给知识的营养，活到老学到老这话一点不错。

伏尔泰曾经说过：“当你读的书越多，你就会越清楚你知道的还很少。”一个对知识有着无限热爱的人，他必然是热爱生活的，可是一个自满的人就不会这样认为，他总是感觉自己知道的很多，在他的世界里，他就是唯一的主宰。井中之蛙永远也不可能明白这个世界的广大，因此聪明的女人一定改变自己眼光短浅的毛病，这样才能有机会去征服整个世界。

女人需要保持自己的活力，让一些有趣的事情装点自己全部的时光，让自己可以悠闲地走在漫长的人生之路上，机遇永远只偏爱有准备的头脑，所以我们必须要让自己的头脑保持清醒和活力。兴趣广泛的人不会觉得生活无聊，相反会觉得生活充满了挑战性，这种积极向上的态度会帮助我们赢得更多。

3.笑对挫折，快乐生活

绝大多数的人都希望能拥有一个平静的波澜不惊的人生，可是现实中谁都没有一帆风顺的人生，每个人都会遇到各种各样的挫折和困难，如果你觉得你无法摆脱这些挫折，那么只能说明你还不够强大。

有一些女人对于挫折和困难的解决力度还是有问题的，她们容易让自己的思维陷入死角。她们就像在自己身上捆上了一个沉重的包裹，而那些压力和挫折就是包里的重量，当它们越来越重的时候，肯定会把女人压垮。一旦到了崩溃的境地，很多人就对生活完全失去了信心，也失去了激情，对于工作也会变得不再上心，开始浑浑噩噩地混日子，久而久之，也会导致自己对现有生活失去信心，随后整个人也会崩溃。

如今的城市里，有许许多多优秀的女性，她们靠着自己的努力成就了一番事业，站在了这个时代的最前沿。可能很多人都很羡慕她们，特别是一些同性朋友们，但是羡慕她们的人却往往忽略了她们奋斗的过程，成功的人无一例外都是从一个接一个的挫折中成长起来的。

现在我们生活的年代是不折不扣的和平年代，直接危害我们身体的事故较少，但伤害我们内心的事故却很多。所以，我们现在面对的很多挫折主要是心灵上的打击，这就需要我们修炼一颗绝对坚强的内心，让自己能够在不停变幻的世界里处变不惊。而且我们对待工作的态度要认真和负责，不能因为一点小小的挫折，就对工作失去兴趣，对自己失去信心，从而耽误了进步。

美国著名的脱口秀主持人莫妮卡是一个极其闪耀的女性，她以敏捷的反应、睿智的语言征服了千万观众。很多对她不算了解的人可能会说喜欢她的机智和幽默，但是真正了解她的人会佩服她的坚强和坦诚。

莫妮卡出生在美国的黑人贫民区，相信大家对这种贫民区的“脏乱差”都有一定的了解。这个不幸的黑人女孩在出生的时候就是个畸形儿，她的膀胱长在了体外，没有办法正常的排泄，在她稍大一点的时候，她特别怕别人因此嘲笑她，于是她整天藏在屋子里不出来。莫妮卡的父亲在她不大的时候就去世了，她的母亲只能带着她改嫁，可是继父却对她们母女二人丝毫没有怜悯爱惜，经常殴打她们，更为过分的是，在莫妮卡15岁那年，还被这个禽兽给玷污了。这个身有残疾的黑人姑娘在那一刻觉得整个世界都已经崩塌了，她无法承受这肮脏的生命，这时的她屡次有过自杀的想法，可是却都在动手的那一刻放弃了，这并不是因为她怕死，而是她不甘心。在美国，有很多白人都看不起黑人，所以他们在美国社会上的一举一动都会被放大镜放大，很容易就招致祸端，就在这样的大环境中，莫妮卡还是决定走出那个曾经闭塞的自己，她坚强的忍下了这些侮辱和挫折，她决定不再担心别人的讥笑，她要对抗这些不幸，她要征服这些不幸。

既然发生的事情已经无法改变，那么就不如接受它，改变它，让它成为自己在面对另一个困难时候的经验。18岁的时候，莫妮卡终于走出了这个地狱一样的家里，她成功地考上了大学，这正是因为她的不懈努力而获得的成果。这时的她已经有了自己的打算和思想，首先她将侵犯过自己的继父送上了法庭，让他得到了应有的惩罚。同时，她自己也给自己的明天规划了目标，她想做一个电视节目主持人，于是她就开始拼命地为了这个目标而努力。虽然很多人都不相信她能够做到这样的事情，甚至还有一些人抱着看笑话的心态等着她出丑，可是莫妮卡却始终在冷眼和嘲笑中向前走，不断地通过学习来充实自己。她苦练着自己的口才，不仅积极地参加各种学校组织的活动，还细心地收集了许多优秀主持人的录像带，向他们学习。在这一时期，她收获了比以往更多的嘲笑，因为她残疾的外貌和稍有腼腆的作风，但是她却没有悲伤难过，只是相信这是黎明前的黑暗，然后继续一点一点地在他人的嘲笑中淬炼自己。最终，她终于能在演讲台和主持台上发挥自如，让那些曾经讥笑过她的人全部闭嘴，让他们知道自己究竟有多么愚昧。大学毕业以后，又经过了几年不懈的努力，莫妮卡终于实现了自己的梦想，她成了一个正式的节目主持人，而且她还创立了脱口秀这种形式的节目，成为了这个节目的第一个女主持人。莫妮卡的传奇经历让人赞叹，她当之无愧地成就了一段女性版的“美国梦”。

不幸和挫折在人生中只是一个点缀而已，它不可能左右你的一生，它的存在只是提醒你要努力去改变。每当你通过自己的努力而度过这些挫折的时候，你都会发现自己又坚强和坚定了许多，甚至你会感觉到自己不再惧怕任何事，这就是磨难之于我们的益处。因此，我们不要因为挫折痛苦和抱怨，我们要做的就是坚持自我，让自己把这些苦困踩在脚下，让它们成就我们的明天。

有人这样说过："如果我们将忧愁和痛苦的时间用来寻找解决问题的答案，那忧虑就会在我们的智慧的光芒下消失。"挫折并不可怕，可怕的是你在其中丢失了自己的自信心，让自己任由挫折摆布而不去挣脱。

黄美廉是一个台湾女孩，她从小就患上了脑瘫性麻痹，下半身瘫痪，而且还有听力和视力的缺陷。这样的遭遇在很多人的眼里已经是天大的磨难了，可是她的父亲却一直认为他的女儿是一个神童，更加相信她可以成为一个出类拔萃的人。于是他从来不把美廉当做一个残疾的孩子看待，而是像正常的孩子一样要求她，积极地培养她，亲自教她各种知识。日复一日，年复一年，如今的黄美廉已经是奥林匹克数学竞赛的冠军，而且她还弹得一手好钢琴，同时兴趣广泛的她还会写诗、作画。这个一直都很坚强的女孩没有在意他人异样的眼光，只是不断地充实自己，让自己通过努力完成很多人想都不敢想的事情。美国加州大学艺术生博士的学位就这样被她给拿下了，此时的她已经成了一个奇迹，所以她就成了一个人们争相学习的楷模，许多学校也开始请她去做演讲，黄美廉也并没有拒绝。有一次，一个女生问她："是什么让你保持快乐呢？又怎么能取得如此多的成就呢？"黄美廉微笑着在身后的黑板上写下了几句话：一、我很可爱；二、我的腿很长很美；三、我的爸爸妈妈很爱我；四、我会画画……最后她说，我只看到我有的，而不去看我没有的。

黄美廉的故事不是让我们学习精神胜利法，而是要真真切切地学习她这种积极向上的态度。如果你在内心深处不屈服于不公和不幸的事实，那么就没什么能够把你击倒。我们可以纵观许多成功人士的经历，在他们的故事里，从来都没有放弃和妥协这两个词，他们又有哪个不是在不断的困苦中爬起来的呢？而且我们也不需怀疑自己如今起步是否已晚，如果你意识到这个问题了，那么即刻出发，这就不晚，如果你一直怀疑自己已经难以跟上他人的脚步，你就已经输了。

积极的心态可以让你应对不幸的生活，也可以让你拥有一种无形的吸引力。特别是在人与人的交往中，它能起到决定性的作用。积极健康的心态是一个女人最大的优势，也是女人美丽的最佳装饰，笑靥如花的女人永远比垂头丧气的女人要可爱。女人们，我们不要执着于已经发生的不幸，它们只是过去，而不代表现在和将来，我们不能在挫折和苦难面前懊悔、沮丧，生活从来不会怜悯心理脆弱的失败者，我们要做的是一个身心都健壮的强者，这就需要我们从挑战挫折做起。

4.无需畏惧，勇于展示自己的能力

女人天生就有着一种阴柔和腼腆的特性，这与女人的身体构造有关，也与整个世界对于女人的培养看待有关。所以，这种特质成为了女性独有的标签，它有好处却也有弊端，比如很容易让女人丧失一些表达自我的意愿，从而让自己失去了很多好机会。

在为人处世中过分的被动会让人觉得你太过优柔寡断、缺乏主见，从而难以被委以重任。如果你是一个甘心一辈子平凡的女人，那么你就不用改变自己，可是如果你有梦想，那么你就必须敢在关键时刻、关键场合发出你的声音，表达自己的意见的同时展示出自己的能力，这样才能让你与成功更近一步。

如果你对自己否定，那么就没有人为你喝彩。女人们一定要记住这句话，我们从来就不是弱者，我们有男人没有的包容和温柔，我们有男人没有的细致和机敏，这都是我们的优势，有时我们所欠缺的就是那种勇于承担的魄力和想法，只要我们敢于战胜畏惧，那么就不会让自己留有遗憾，也会让自己更快的圆梦。

伊芙琳·格兰尼是世界上第一位女性打击乐独奏家，她说："从一开始我就决定，一定不要让其他人的批评阻挡我成为一名音乐家的热情。"她不仅是这样说的，也是这样做的，她成长于一个苏格兰东北部的农场里，从8岁开始就刻苦学习钢琴。慢慢的，她在钢琴的世界里找到自己的一片天空，她发现她对音乐的热情与日俱增。但是很不幸的事情是，伊芙琳的听力却在慢慢减弱，这让热爱音乐的她深受折磨。家人为她找了医生看病，在经过一段检查之后，医生断定她是由于难以康复的神经损伤而造成的耳聋，预计到了她十二岁的时候，可能会彻底失去听觉。她的家人并没有把这件事完完整整地告诉她，伊芙琳对音乐的热情也并没有因此而减弱半分。

伊芙琳的梦想是成为一个打击乐独奏家，可是当时并没有这样的一类音乐家，这让年轻的她背负了不少压力。为了自己的梦想能够成真，她学会了采用不同方法来倾听他人的演奏。她穿着长袜演奏，这样她就能通过她的身体和想象来感受到每一个音符的震动，她几乎用她所有的感官来感受着整个音乐世界。在时机成熟之后，她选择了向伦敦著名的皇家音乐学院提出了申请，因为从前一直都没有听觉有障碍的学生报名，所以一些老师反对接受伊芙琳入学。伊芙琳知道这件事后，没有慌张，只是安静的坐在那里，邀请他们倾听一次她的演奏。最后，这次演奏征服了所有的老师，他们一致决定让她顺利入学，并且因为她的才华，在她毕业的时候授予了她学院的最高荣誉奖。

毕业之后，她一直奋斗在演奏的第一线，也成为了第一位专职的打击乐独奏家，而且还为打击乐独奏谱写了很多曲子，也改编了很多曲子。

任何成大事的女人都有无所畏惧、坚持不懈的精神，同时还具备着勇于展示自己的特点，哪怕在展示的时候会遭到非议，她们也不要觉得丢人和不好意思，因为她们知道，人与人是不同的，当她们在这些小小的挫折中不断成长后，自然能够成为征服大多数人的成功人士。

女人们，我们都是强者，都是能改变世界的人，当所有规则在我们眼里不再是束缚的时候，我们就能飞得更高。虽然从古至今，人们的固有想法中都会认为女人难以成就大事，但是我们自己却不能也这样认为，只要你能不被他人的定论束缚住自己前进的步伐，只要追随自己的热情和心灵，勇于展现自己的优势，那么就一定能完成自己的梦想。

有一些时候敢于在大场合说出自己的想法，表现自己的优势并不是一件简单的事，但是这却可能是你的机遇的开始，所以你不要畏惧，要战胜那个曾经优柔的自己。著名主持人杨澜是通过《正大综艺》这个节目走到人们的视线里的，其实她并不算是一个标准的美女，可是她却在当初的面试中战胜了一个个条件极为优秀的对手，靠的就是她那一时的“任性”。虽然杨澜当时在面试考核中的表现一直很抢眼，但是她却并不是唯一的一个候选人。而且导演还直言不讳的告诉她：“就目前来应试的人当中，觉得你不错，但是你不够漂亮，所以我们决定登报再招一次。”在最后一轮的考试中，杨澜是带着气来的，她在诸多评委和导演面前说出了自己的想法：“我在这里说几句不好听的话，我个人认为这个节目的女主持人不一定要长得非常漂亮！我认为，她首先要与这个节目息息相通，而且她能够准确地把她在这个节目中的由衷感受传递给观众，比如说我很喜欢旅游，然后就会说我去黄山的时候，当时看到了什么风景。我有什么样的感触，我会及时地把它写下来，记下来，把它全说出来。这些都是要非常由衷的，非常直接地跟观众交流，我相信观众需要的是这样富有真情实感的东西，而不是一个漂亮的女孩子站在那里背书！”这一席话让她赢得了当时在座所有人的掌声，她也顺理成章成为了《正大综艺》的主持人。

通过杨澜的事迹，我们更可以了解这个道理了，人想要战胜畏惧就必须要做到无所畏惧。避免所有批评的最佳方法就是只管做你心里认为对的事，想展现自己就要从丰富自己做起，在有了一定积淀之后，我们该发声的就发声，不要犹豫。

主动说出自己的想法，勇于在所有人面前展现你的优势，会让你看起来更有魅力。这样的女人是优秀的，也是完全了解自己优势的，她与成功的距离很近，近的就像隔着一道墙的距离，推翻了就到达了。

5.开发寻找成功契机的嗅觉

有能力寻找成功契机的人是最聪明的人，不仅会得到事半功倍的效果，还可能收获更多的惊喜。作为一个成熟的女人，我们特别需要这样的能力，我们不能再等待着喜从天降，因为那永远是不现实的，我们需要做的事让自己能够更加聪明和从容地面对这个充满竞争的社会，然后在其中找到最适合的成功方式，在不断闪烁的各种行当中找到自己适合的成功契机。

薛岳一直是一个尖子生，从初中到高中都是班级里的前几名，可是她却在高考的时候失利了，因为当天的她得了感冒，这让她错失了拿高分的机会。这个女孩一直以来都对计算机专业很感兴趣，但是不巧的是她在报考的时候撞上了当年的“计算机热”，于是她只能退而求其次选择了数学专业。不过，在她的大学时光里，她一直没有放弃学习计算机，她在自己的主专业修完之后，选的全部都是计算机专业的课程，这让她给自己充分地补足了计算机知识，两年之后，她顺利拿到了计算机三级证书。

转眼之间，薛岳毕业了，她试着找了几个工作，但是却没有合适的。在家人的再三鼓励和劝说之下，她决定选一个跟自己的主专业对口的工作。工作后，虽然她干得比较顺手，可是她却并不太喜欢这项工作，所以她根本就不愿意努力，每一天的工作就是应付。在刚刚面试的时候，因为薛岳的考核成绩非常好，所以几个领导都很器重她，可是她的工作能力却没有完全的展现出来。领导们认为她只是工作态度不端正而已，作为一个年轻人来讲，也算正常，所以并没有太在意，只是偶尔他们会找她谈谈话，督促督促她。不过，每一次的谈话结果却都是大同小异的，薛岳都只是会保持那么一段时间，过了几天又回到了原来的样子了，不过领导还是对她很照顾，所以并没有开除她。但是，薛岳自己却受不了了，她在两年之后，选择了辞职。辞职以后，薛岳想要转向自己最喜爱的计算机行业发展，可是她学的并不是这项专业，所以在找工作的时候碰了很多壁，甚至有不少简历就那样悄无声息的石沉大海了。在失业一段时间后，薛岳不得不又找了一个跟上一个工作差不多的工作，起码她在这一行里还有点经验，可是因为没有兴趣，她依然没干长。就这样在一年之内，她连续换了大概两三个工作。

后来，她终于下定了决心，要做自己想做的事情，于是她报了一家编程培训班。苍天不负有心人，在一年后她拿到了这个班里的最佳成绩，成功被推荐到了一家大公司从事编程工作。她本以为自己终于苦尽甘来了，但是却没有想到这只是一点安慰，因为她没有这方面的工作经验，于是她只能从最底层的工作做起，而一些比她年纪还小的人都已经做到了主管的位置，这让她心有不甘。可是，薛岳这一次没有放弃，她选择了迎难而上，而且她也发现了这一行业里潜在的商机，她注意到了其他人都没有注意到的细节。过了一段时间，她因为工作表现好被提升为主管，这时的她开始接触了很多的客户和资源，人们都以为她要大展宏图了，可是却没想到她只是为了自己的明天铺好路。时机成熟之后，薛岳选择了辞职，用自己这些年的积蓄办了一个手游的工作室，招了几个干练的员工，一下子她就真的火了起来，如今已经是一个知名游戏公司的CEO了。

成功永远只会眷顾有准备的人，这句话我们都懂，但是却又有几个人能够真正做到呢？成功契机即使再多，可如果我们无法抓住的话，也只是一个空想，而如果我们平时就为此积淀了很多营养，那么就一定能够正式开始起航，有所成就。

有些女人觉得自己各个方面都很优秀，但是她却没有脚踏实地的去完成任何一件事，那么她的优势也仅仅是全面而已，在工作中，我们需要的不是“全才”，而是“专才”。而且在你过多地涉足其他领域的时候，必然会分散你的精力，也会加快掏空你的能量。因此，我们只有尽快地定位自己，然后在这个位置上努力踏实地走下去，无论将来有多么的困难和险阻，都不要放弃，这样才能在这个工作上出人头地。

在对待工作上面，女人和男人有很大的不同。男人可能会为了自己的事业而付出所有，但是女人因为天生的细腻，很难有这样的魄力。所以，这就更加需要我们来了解自己的长处，也要更加注意开采出自己对于成功契机的嗅觉。在时机成熟的时候，一定要注意把它抓住，然后发挥出自己全部的能量，成就一番事业，这样才能圆满自己的人生。

6.成功是时间问题，不是运气问题

每个人都想成为一个成功人士，谁都想能有一个安定富足的生活，谁都想自己能成为人群中瞩目的焦点，但是真正让人信服的成功人士并不多，大多数人都只是平凡而普通地活着而已。

也许在很多人看来，成功主要是靠运气，实际上并不是如此，成功是时间的问题，而不是运气的问题。这个世界上最容易的事情就是口头的坚持，最难的事情就是实际的坚持，在我们抱怨世界不公的时候，究竟有没有真真正正地思考过该如何应对这种情况呢？坚持的最容易之处在于只要愿意做，每个人都可以做到；坚持的最困难之处在于它是靠时间来支撑起来的，成功就来自于坚持，坚持到了最后就必然会换来成功。任何成就的到来，靠的都是坚持不懈的努力，都是把才华发挥到极致的表现，而不是坐等天降鸿运，浅尝辄止的我们只能错失成功的降临，“与其临渊羡鱼，不如退而结网”，希望大家能明白这个道理。

成功者的圣经就是坚持和努力，他们信奉积跬步以成千里，汇细流已成江海。作为现代的女人，我们也需要有自己的事业和想法，这才是一个女人的立世之本。可能有些女人会说，自己的老公能赚钱，所以即使没工作也不会有压力。这样想就错了，要知道，谁都不是谁的长期饭票，而且一个没有独立思想的女人是无法长期的吸引男人的，久而久之，你们的婚姻一定会出现问题，所以女人必须要有自己的事业来做，一定要拒绝一旦发生变故就会双手空空的自己。

古希腊大哲学家苏格拉底在给他的学生们上第一堂课时说：“今天我们只做一件最容易最简单的事情，那就是每个人把胳膊尽量往前甩，然后再尽量往后摆。”苏格拉底微笑着自己先做了一遍示范，他的学生们都很不理解，但是他们只能听从老师的安排，也学着他的样子甩着胳膊。苏格拉底又说：“从今开始，我们每天做300次这件事情，好不好？你们能不能做到？”一群学生都笑了，这么简单的事情，怎么可能做不到呢？所以他们高喊着："能！"

一个月之后，苏格拉底问学生们："前一段时间我们说的每天甩300次手的事情，谁做到了？"这时除了寥寥无几的几个人没有举手之外，其余的人全部都做到了。又过了一个月，苏格拉底又问还有几个人在坚持做这件事情，这时坚持下来的学生只剩下了八成。一年之后，苏格拉底又问了一次学生们："请你们告诉我，最简单的甩手运动，还有哪几位同学在坚持？当然，你们不许说谎。"话音一落，整个屋子里就只有一个学生举起了手，这个学生就是后来大名鼎鼎的大哲学家柏拉图。

苏格拉底是天才， 柏拉图也是天才，这是世界上每个人都公认的事实。但是天才却也一样懂得坚持的道理，他们并没有坐吃山空，而不去努力。而我们作为普通人，本身就可能没有那么多的优势，如果再不努力，那在将来要靠什么获得成功呢？当然，天才这个词并不是那么简单的，我们只看到了它的表层意思，但是却没明白什么才是真正的天才。门捷列夫曾经这样说过："什么是天才？终身努力便成天才。"

在走向成功的道路上，并没有什么捷径，每个人都是一步一步走过来的，即使是天才也需要脚踏实地的努力。所以，我们还是那句话，成功是时间问题，而不是运气问题。运气不可能永远地垂青我们，但是坚持却可以为我们带来运气，运气就是机会，它更加愿意垂青那些默默耕耘的人们。

谁都不是最好的，最完美的，但是谁能愿意坚持着全力以赴，谁就会更加接近于完美。当然我们不能排除这样的一种情况，那就是某人太过追求完美，于是就会被束缚手脚，这样就会养成做事犹豫、拖拉懒惰的习惯，因此我们必须要不怕失败，不怕不完美，如果总是怕这怕那，那么就永远也不可能成功。

如果总是担心自己不能将事情做到极致，无法坚持，那么你就永远无法获得任何成就。所以我们要鼓励自己，让自己充满勇气，不用害怕任何失败和挫折，因为只要开始了就不会有回头的一天，我们要坚定地走下去，只要肯坚持肯努力，那么我们就不会有遗憾，也就不会等不到成功到来的时刻。

约翰逊是一个平凡的美国人，他并没有什么与众不同之处。他有一个愿望，那就是开一个出版公司，能够让美国人都说出自己的心声，哪怕是政治问题。于是他就用母亲的家具作为抵押，得到了几百元美元的贷款，开办了一家不大的出版公司。约翰逊的第一部杂志是《黑人文摘》，他想做一个让很多人都能参与进来的话题，“假如我是黑人”这个命题就这样应运而生了。许多白人在做这一命题征文的时候，都会让自己置身于黑人的角度，无疑这会促进黑人与白人之间的互相了解，也变相地促进了社会的和谐，这是一件非常有意义的事情。这时，约翰逊想，如今这个活动虽然已经开展了，但是却缺少一个真正有能量宣传和做标杆的人物，如果能够请罗斯福总统的夫人埃莉诺来写一篇这样的文章就太好了。

约翰逊是一个有勇气的人，他没有让这个想法轻易地在脑海中流走，而是很快就付诸了实际，他给埃莉诺写了一封信。过了一段时间，埃莉诺给他回信了，她在信中说她很忙，没有时间来做这样的一件事。约翰逊在受到这样婉拒的消息后，并没有放弃，他决定要坚持下去，一定要达成这一目标。既然如此决定了，那么就要立即实行，所以他又写了一封信给埃莉诺，这次埃莉诺还是回信说她很忙，没时间写。就这样，一个月，两个月，约翰逊一直不停地给埃莉诺写信，当然他一直都没有成功过，埃莉诺一直都是以自己太忙为理由拒绝了他的请求。

有一天，约翰逊在报纸上看到了罗斯福夫人埃莉诺将在芝加哥发表讲话的消息。他决定换一个方式再试一次，这次的电报很快就到了埃莉诺的手中，他在其中详细地描述了他所做事业的意义，并问她是否可以趁在芝加哥的时候为《黑人文摘》写一篇文章。埃莉诺终于被他打动了，她相信有着这样耐心和坚持的人绝对不会是一个心术不正的人，她也不再担心他会怎样使用这篇文章，她相信他一定会让它尽到它的意义。不久后，《黑人文摘》上就正式刊登了罗斯福夫人埃莉诺的文章，这使它的发行量在一个月内翻了三倍，这个事件也成了约翰逊事业的转折点。以至于约翰逊在后来又陆续开办了几家出版社，他的企业也成了美国第二大黑人企业。1973年，约翰逊买下了芝加哥的广播电台，也经营起了女性化妆品，他将自己的精力分成几份，在每一件事上都倾尽全力，最终，他成就了自己的商业帝国。后来有人在采访他的时候问他，究竟是什么给他带来了如此力量？约翰逊说："我一直都铭记母亲的教诲：想取得成功总得去努力，有时候要经过多次失败。你应该像一个长跑运动员那样，不断奔跑，不能停下来，坚持下去，你会发现你离终点越来越近了。或许你可能勤奋了一辈子，但是却没有一点成就，但是这却不是你不肯努力的原因。因为不努力不勤奋，那么你就肯定不会有所成就。"

或许我们无法延长生命的长度，可是我们却能够改变它的宽度。我们需要坚持着为它补充营养，让其不致虚度。谁都不可能一辈子享受幸运，所以很多东西都需要我们的坚持和努力，只有这样才能让自己改变如今的一切。

作为女人，也不能没有理想，虽然我们可以把家庭作为人生的第一目标，但是却不能忽略了自我理想的实现。在实现理想的路上，必然会遭到一些挫折和困难，可是只要我们不妥协，不低头，那么就一定能让自己得到想要的结果。每当你感到绝望的时候，你要相信，命运对你有多刻薄，你就会变得有多坚强，你的明天就会有多辉煌。

第五章　知恩感恩的赤诚之香

1.感谢那些曾经伤害你的人

在我们的生命中会出现一个接一个的过客，他们在我们的漫长人生中只扮演了一个很简单的角色，然后就像云朵一样飘走了，可是有一些人却能给我们留下足够一生回忆的故事。这就是人生在世的意义，这个世界是由人与人组成的，所以就少不了留下各自在彼此生命中留下的痕迹，所以我们必须要明白如何处理自己与这些人之间的关系，这是人生的终极智慧。

曾经的我们都是什么都不懂的孩子，是学习和经历让我们变得成熟，可因为性格的不同，我们可能会变得势利，可能会变得愤怒，但是谁都不能否认的是，每个人心里都有一块脆弱的地方，他可能轻易不会提及，但是一旦被牵动，就会痛彻心扉。这是过往的力量，它存在于我们的生命中。台湾著名作家张晓风曾经在课堂问过她的学生们，爱的反面是什么？很多人都说："恨！"张晓风笑着摇了摇头，她这样解释：你们还是太年轻了。如果在50年之后，你与年轻时热恋的情人相遇，他如果还能看着你说"我恨你"，那么这一段爱是值得庆幸的，因为它横贯了半个世纪。最可怕的是，在你认出他的时候，你们或许擦肩而过，或许他会礼貌性的跟你说："有些面熟，您贵姓？"所以，爱的另一面远远不是恨那么简单直接，而是漠然和错过。

许多女人都无法忘记的就是曾经的感情，那些经历在她们的心里一直放映着，一次次甜蜜，一次次别离，一次次哭泣都历历在目。但是这些却不可避免地已经成为了过去，它们不会再回来，所以我们要做的是铭记那些好的，忘记那些坏的，永远不要让自己活在过去里。无论过去是怎样的甜蜜或怎样的苦涩，都很可能是你们成为路人的前奏，珍惜今天，忘记过去吧，我们无法左右他人，我们可以左右自己。

秋萍的性格非常可爱，虽然稍微有一点任性，但是大多数时候还是非常俏皮和懂事的。但是她却被她深爱的男朋友抛弃了，这让她感到悲痛欲绝，她实在想不通为什么他们两个会分开，可现实摆在这里，她不得不接受。在分手后的一段时间里，她经常哭，经常稀里糊涂地睡着，稀里糊涂地做梦，他们在梦里仍然是那么如胶似漆。梦醒以后，秋萍发现一切都是假的，她只能期望他能够回到自己的身边，可是他却一直没有回头。这一现实让秋萍对他充满了恨，她虽然不明白自己做错了什么，但是毫无疑问的是自己肯定是不够优秀，而且这个世界上也根本就不存在真爱。她的父母看着女儿这样，也很心疼，便想方设法地和她的朋友们一起鼓励她，安慰她，但是效果却并不明显。

一眨眼秋萍大学毕业了，此时的她需要走到社会上闯荡了。经过了一段时间的磨练，秋萍终于走出了阴霾。虽然她还是没有忘了那个人，但是她已经不再想着他能够回来，而是希望改变自己，让自己变得更加完美，让他明白自己当初的决定有多么的愚蠢。于是她报了很多学习班，她希望通过不断学习来提升自己，她希望有一天遇见那个抛弃她的人时，用自己如今的完美来嘲笑他。虽然她正处于一个女人最好的年华里，但是她却还是没有真正走出上一段感情，因此她根本就没法看到身边那些优秀的异性。

两年过后，她终于完成了蜕变，不仅是在陌生人面前，即使是亲人和朋友也感受到了她的焕然一新。这时的秋萍已经不再任性和忧郁，她变得美丽又有亲和力，而且还充满了智慧，也不再迷茫。在人们眼中的她日渐完美了，但是只有她自己知道自己的缺失感在哪。终于有一天，她遇见了他，可这时她发现自己并没有想象中的那么激动。时光不知不觉已经过去了那么久，那些思念和怨恨好像都变得模糊了，甚至眼前这个人已经都与过去的那个他不太一样。这时，她才明白，过去是因为自己太爱了，所以他才有了那么多的光芒，可这一切在不知不觉中已经被磨灭得差不多了。秋萍觉得已经不需向他证明什么了，他们俩就像普通相识的人一样，寒暄了几句后就分道扬镳了……她至今仍然记得，那一天的她，并没有回头，而且也没有哭。其实每个人都是我们的老师，他虽然曾经扮演了一个很坏的角色，但是却对她日后的生活产生了很好的促进。现在的她已经敞开了心扉，明白了自己曾经因为执念而错失了很多值得的人，也错过了很多美丽的风景，如今是时候拥抱这些美好了。

世事难料，人生总是如此，我们根本就不知道明天会发生什么，但是我们却不能否认明天发生的事情与昨天无关。每一个人都是我们的老师，有些人能够以一种刺痛的方式让我们加快成长，这时的我们不需怨恨，就让他远去吧，就让他离开你的生活吧。不再联系过去，不再躲避，就让他们自然的来来去去，这样才能让我们变得坚强和善良。

2.感谢痛苦才能摆脱痛苦

在成长的道路上，我们都从小女孩变成了大女人，这期间发生在每个人身上事情都各不相同，可是我们每个人却毫无疑问地都经历过痛苦和悲伤。有时候，你不得不承认，正是那些无助和茫然才促成了现在的你，所以永远不要盲目地认为现在的自己不如过去的自己，因为有些心情已经消失在了时光中无法追回，那个曾经的自己已经回不来了。我们要正视现在的自己，你要相信你在一系列的经历中已经蜕变，如同那浴火的凤凰一样，已然重生。

痛苦是一个永恒的话题，它在每个人的人生中很常见，平常的就像呼吸一样自然，谁没有过撕心裂肺呢？谁没有过痛不欲生呢？相信没有人愿意一而再地品尝这种滋味，所以我们就不能再让自己回到当初的那种痛苦之中，就让它过去吧，不要再回味。或许经过多年之后，那些你曾经觉得痛苦不堪的故事根本就不值得计较。如果有一天，我们能在面对过去的痛苦是报以微微一笑，才算是真正成熟了起来。

女人最让人担心的一点是，她们很容易把痛苦放大，把怨恨放大。

娜娜是一个外地女孩，当年孤身一人来到了北京闯荡，作为一个北漂族，她的生活一直以来都不算好，可是她却很坚强乐观，她相信经过自己的努力，一定能够拥有想要的生活。模样和气质都不错的她选择了售楼小姐的工作，虽然每一天都很忙碌，但是却很充实，她的愿望是某一天能够买到自己在北京的房子。这一年的秋天，单纯乐观的娜娜等到了属于自己的初恋，此时的北京正是落叶缤纷的凄凉时分，但这一切在她的眼里却美得像诗一样。娜娜和男朋友很快就同居了，他们两个租了一个不大的地下室，这里的环境很差，经常还要忍受着邻居的吵闹，但是她却甘之如饴，她一直对他说："能跟相爱的人在一起，就没有什么好怕的！"每一天他们早上一起上班，晚上她总是故意早点下班回来给他做饭，让他在进门的时候就能吃到热乎的饭菜。到了周末，她懒懒地赖在床上不愿起来，他会去给她买早饭并叫她起床，到了晚上，他们一块骑着自行车去市场买菜，这些场景想想就让她感到甜蜜，娜娜经常跟别人说她很幸运，也很幸福。但好景不长，这个男孩决定跟她分手了，虽然她竭尽全力地让自己保持平静，但是眼泪却出卖了她，她边问着理由边任由着泪水无声地流……他说："你太依赖我了，也把我想得太完美了。而且你也没什么爱好，每一天只知道工作吃饭、工作吃饭，你知不知道这样的生活有多无聊？而且，我已经有了新的女朋友，对不起……我明天过来搬东西。"说完这些话，他就离开了，整个屋子里一下就安静了下来，虽然开着灯，但是娜娜觉得整个世界都黑了。

这注定是一个难熬的夜晚，娜娜躺在床上一动不动，她的眼睛已经哭得红肿了，她看不清光，也看不清那些他们摆在桌上的合影，只任由一种感觉支配着她，那就是痛苦和恨。对，痛苦到了极致，就会转变为恨，娜娜已经把自己的身心全部交给了这个男人，但是这个男人却在给了她一个美好的誓言后转瞬离开。娜娜无法接受这个事实，她在这个晚上已经做好了决定，她不再想其他事，只想怎样报复他。

第二天，他如约过来搬东西了，就在他低着身子收拾行李的时候，没有注意到身后那个眼睛红肿的娜娜已经举起了水果刀。一刀、两刀、三刀……在男孩的惨叫声和娜娜的哭声中，一条年轻的生命就这样远去了。娜娜也知道自己逃不过法律的制裁，可是这对她来说已经不重要了，她已经失去了“一生挚爱”，活着还有什么意义呢？于是在邻居疯狂的撞门声中，她举起了沾满鲜血的刀，狠狠地刺进了自己的左胸口，鲜血迸了出来，洒了一地……

相信听到这个故事的人，都深深地为娜娜感到遗憾，这样一个年轻美丽的女孩为什么会无情地剥夺他人的生命，同时也不珍惜自己的生命？事实上，爱情里的相聚与分开都是每一个人必须要面对的事情，初恋固然是刻骨铭心又疯狂的，但是它却还是不及生命的重量。我们之于痛苦应该是利用，而不是妥协，不仅不能任由它支配我们的恨意和行为，还要在它的内里提取出经验和营养，让它们来孕育一个全新的自己。如果能够在一次次的痛苦和挫折中挣脱，那么你就会发现自己又变得坚强了几分，将不再容易被同样的痛苦侵扰。

当然，人生中能被称之为痛苦的事情远远不止失恋一件。在人生路上，我们每个人都会经历各种各样的挫折和伤痛，但是这却不一定是坏事。那些痛苦和伤痛是因为我们在错误的时间里遇见了错误的事件，它们只是偶然，所以不能因此否定这个世界上应该存在的真爱和正气。痛苦和伤痛让我们成长，我们可以在其中锤炼自己，让自己更加成熟。而那些看似风平浪静的人却很可能是可悲的，因为他们拒绝付出，他们选择了躲避，所以他们的人生是有缺憾的，是不完美的。

希腊神话中有这样一则故事：海格力斯是一个大英雄，他从来不相信这个世界上有他征服不了的东西。有一天他上山，突然在山路上发现了一个像袋子一样的东西，他随意的踢了它一脚。可这一踢不要紧，那个东西不仅没被踢飞，反而变得更大了，可这让一直心高气傲的海格力斯很生气，于是便更加用力的踢它，可袋子就这样又膨胀了好几倍。恼羞成怒的海格力斯抄起了一个木棒，狠狠地向这个袋子挥去，这一下袋子竟然膨胀到将路口都封死了。一个智者走了过来，他对海格力斯说："朋友，你不要再动它了。它是一个叫做仇恨的袋子，你不动它，它就是一个小袋子，你若触碰它，它就会膨胀起来，变得越来越大。所以离开它吧，不要理它，并且忘了它吧。"

痛苦和仇恨就是这样的东西，所以忘掉它们吧，然后让自己在这个过程中变得坚强起来，这才是一个聪明女人应该做的事情。你要记住，没有一个人能够在你陷入绝境的时候拯救你，虽然你可能在电视中在故事中看到过多英雄救美的场面，但是现实中这是不常见的。他人只能帮助你解开心结，而真正让自己摆脱痛苦的只能靠自己，当你在内心深处给予自己力量的时候，痛苦就已经不复存在了，即使还有残余，也只是彰显你勇气的证明。

那些伤害过我们的人和事，就放它们走吧，让它们远离我们的人生。即使是深入骨髓的痛苦，也要让自己坚强下去，并且感谢它们，如果没有痛苦，你永远不知道自己的潜力，也不知道自己的极限。当你执意将那些痛苦放在心里，那么就会使它反复腐蚀我们心灵，让我们终日得不到解脱。只有你对痛苦放下了，并且思考它发生的情况，采取措施解决后并感谢之，才能让自己能够更加宽容地面对这个世界，也能更好地接纳更多的爱。

亲爱的女人们，我们不要害怕痛苦，不要纠结于痛苦，它的降临是许许多多因素一起促成的结果，所以不要感觉遗憾和难过。让自己坚强起来，感谢痛苦才能摆脱痛苦。无论什么时候，我们都要相信明天总是一个晴天，昨夜的暴雨已经过去，而正是因为这场暴雨才将这天空洗得如此之蓝。所以感谢我们人生中的一切经历吧，它们的发生正是为了雕琢你，让你变得熠熠生辉，让你变得纯粹和完美。

3.不要失去感恩的心

人活着就要懂得感恩，懂得感恩的人才能明白这个世界的美好。作为一个女人，我们更需要学会感恩，因为这样才能让我们保持内心的纤弱和纯洁，保持一种年轻的活力，也才能让我们变得更加快乐和简单。

感恩是一种简单的给以和付出，虽然可能在起因上是被动的，但是结果却是主动的，它能带动一个人内心的正能量，让人变得心怀感激，对生命也有了必要的敬畏，所以就能更好地体验生命的美丽和人生的真谛。要知道，每个人的一生都是需要不断接受和改变的，只有这样才能让自己融入到一个崭新的境界中，充实自己的人生，使其变得更有意义更有价值。

大家都听过这样的一句话："滴水之恩，涌泉相报"，这是做人的根本，更是中国人的天性和本心。

2008年的感动中国人物评选中，有这样一位女士让人难忘。她叫李秀萍，是一位四川贫困地区的乡村教师。这一片土地是出了名的贫瘠，四面环山、环境简陋，可李秀萍却在这里坚持了整整十多年，这里有许多崇敬她的孩子们，她也在这里度过了自己人生中最好的年华，20岁到30岁是女人一生中最耀眼的年纪，她选择让自己盛放在这片干枯的土地上。因为交通和通信的不便利，所以她连续多年都没有领到薪水，但是她却没有因此停止自己的事业。李秀萍仅仅靠着村里每个月发的一点津贴来维持生计，她把所有的苦和痛都埋在了心里，没有把一点负能量传递给她的学生们，同时还用自己的微薄的工资来资助一些贫困的上不起学的孩子们。这个艰苦的乡村老师尽到了一个师者的责任，她虽然年纪不大，但是却已经可以称得上伟大了，她的博爱和温暖照亮了所有的苦孩子们，她教他们知识，也给他们铸造了一个崭新的世界。当李秀萍的事迹慢慢传开的时候，许多记者来到当地采访她，记者事先没有通知她，他们悄悄的伏在教室的窗外观察。那时李秀萍正在上课，她很耐心的在指导着学生们学习，同时脸上挂着一丝迷人的微笑，丝毫看不出一点阴霾。到了下课的时候，她带着孩子们一起玩游戏；到了中午的时候，她给孩子们做饭，并且和他们一起吃饭……

记者带着敬意问她："是什么力量能够让你如此无悔付出的？"李秀萍说："其实我觉得我只是做了我应该做的。我当年也是一个贫困家庭走出来的孩子，当年我家也交不起学费，可是我却很爱读书。那时我的老师用自己微薄的薪水帮我交了学费，因为他的帮助我才上得了大学，而且他还帮助我的父母找到了工作。我那时的最大希望就是，有一天我大学毕业之后，我能像我的老师一样，将爱传递下去，让山区里的贫困孩子们能够有书可读。其实我是幸运的，因为我真的实现了我的梦想。况且，一个人是需要懂得感恩的，我们在这个社会上得到的东西也需要我们用付出来回报。”

感恩是一种可以传递下去的能量，如果人人都能懂得感恩，懂得付出，那么这个社会就会和谐得多。其实大多数人类的内心都存在着报恩这种思想的，比如现代人经常嘴硬说的那句“我不爱欠别人的”，这句话在某种程度上来说也是报恩的一种，只有遇到过别人的帮助，自己才能想到弥补。虽然很多时候我们是被动的，但是我们需要把这种能量化作主动，这样我们就会在这种正面思想的带动下规范自己的行为，也会让自己的灵魂得到净化。

女人们，你们是不是曾因为事业而一蹶不振？你们是不是曾因为感情而郁郁寡欢？你们是不是会经常感到这个世界对你深深的恶意？你们是不是经常认为是命运在操纵着不幸的你？如果一旦你的心里有了这样的思想苗头，那么你就无法遏制它的蔓延，所以只能从嘴里说出那些充满怨气和绝望的词语。这个社会，就是因为这些压力和互相的不理解、不信任才造成了这种让人窒息的冷漠，这是因为许多人都封闭了自己那颗感恩的心。其实，我们应该自我检讨，在我们埋怨这个世界的时候，有没有想过自己究竟为它做过什么？凭什么就要求它赐予你什么呢？如果天降好运，那么只能说你幸运，恐怕那个时候的你也会得意忘形地把一切归结于自己的能力。如果孑然一身，你必然会认为自己怀才不遇，可事实上却是自己的努力还不够而已。这个世界上大多数的人都没有资格来抱怨生活，咒骂世界，如果你还在骂它的不公和刻薄，那只能说你不够成熟，我们虽然不能否认那些“富二代”、“官二代”可能会平步青云的情况还会存在，但是却不能把这些个案当作常态，所以我们需要努力奋斗，靠自己的努力来赢得一切。

在一次学术报告结束之际，有一位年轻的女记者去采访了霍金，这位躺在轮椅上30多年的科学巨匠，无法不让人由衷敬佩。这位记者在景仰之余，还略带遗憾和悲悯的对他说：“霍金先生，您因为肌肉萎缩性侧面硬化病而只能固定在轮椅上，这真的很悲伤和不幸，您会不会认为命运让您失去了很多东西？”

这个女孩的话音刚落，整个报告厅内鸦雀无声，人们都知道应该尽量去保护其他人最脆弱的地方，因为这是对他人的一种尊重。不过霍金并没有因为这个问题而生气，相反的，他还是带着他那恬静的微笑，用自己那还能活动的手指艰难地敲击在了键盘上，大屏幕上出现了如下的文字：

我的手指还能活动，我的大脑还有思维，我有个永远在追求的理想，我还有我爱的和爱我的亲人和朋友，对了，我还有一颗感恩的心……

如果你够努力，那么全世界都会为你让路。在为了理想拼尽全力的时候，你会发现你的身边不知不觉已经聚拢了一群人，他们都在帮助你，这时的你会有什么样的想法呢？如果你还固执地说世界冷漠，那么只能说明你本身就很冷漠。抱怨生活给以自己太少的女人们，都是不懂得感恩的，也是不懂得付出的自私女人。生活给以很多人的都差不多，只是每个人攫取的部分不甚相同而已，有人在这一部分中找到了自己想要的就感到了满足，于是便开始试着去回馈给这个世界，这就是懂得感恩和回报的好人。

生活就是如此，当你对它笑的时候，它也会回报你同样的微笑；如果你对它摆个臭脸，那么它也绝不会赐予你好的东西。拥有一颗感恩的心，你会发现你拥有的东西是最好的，你不会再那么在乎得失和成败。从此，你的眼中只有欢乐和温暖，不再有忧伤和不幸，只有心里有了这些温和的能量，我们才能拥有一个完满的人生。

有人这样说过：倘若我们对生活本着感恩的态度，便会在心中创造出一块“良田”，使生活中美好的东西在其中生长，而且由于感激的力量，美好的东西还会像磁石一样，把幸福源源不断地吸引到我们的身边来。

我们要记住，一个懂得感恩和付出的女人，她并不会吃亏，生活永远不会亏欠她。感恩可以让你变得更加真诚，也会让你更加容易满足，真诚和满足会给你的生活带来快乐和幸福，也会有效地减少你对生活的抱怨和不满。当一个人感激他人的馈赠时，她的身上就会迸发出一股温暖的气息，也能激活她身上的每一个热情细胞，很容易感染到他人，很容易把这种感恩与爱扩大，形成海洋。

4.珍惜眼前的一米阳光

没有一个人的生活是完美无缺的，可是我们却会发现有些人过得很快乐，有些人却很烦恼，有时候这并不只是因为生活给以每个人的是多还是少的问题，而是在每个人心中对于生活的不同感受所造成的不同认知。我们只有感谢生活给以我们的一切事物，才能让自己的心沉浸在爱的海洋里，也才能在平淡无奇的生活中找到自己生存的意义。

每个女人都是天使，她们都有着一样的温柔心肠，但是我们不能让这种天分就这样白白地浪费掉，所以我们需要让自己在平淡如水的生活中找到它该有的含义。比如在爱情里，我们绝不能够因为诱惑就轻易地拒绝了一个自己所爱的人，因为茫茫人海如果可以找到一个与我们相爱的人是不容易的，也是很大的幸运。也许事事不是你想的那样，没有如此完美，或许没有你想象那么好，应该也不会糟糕到哪里去，生活本来没有那么美好，所有幸福都要知福惜福好好珍惜，多说关怀话，少说责备话，人与人之间需要互相体谅。这个世界上从来就没有完美无缺的东西，爱情也是如此，一对恩爱的夫妻最需要的东西是理解和扶持，而不是需要和索取。

当你懂得珍惜的时候，你会发现你获得的越来越多，如果你一味去追求，一味去索取，你会发现你失去的越来越快越来越多。因为人生没有绝对的完美，而且永远是有缺憾的；人有缺憾不是一种悲哀，悲哀的是为了掩饰缺憾而错失人生中的美丽风景。

爱情，合适就好。不要委屈将就，只要随意，彼此之间不要有太大压力，也不要相信完美的爱情。其实，你只要知道，人无完人，每个人都会有缺点，一种纯朴的可爱就足够了，一种生活的真实就可以了。

得不到的东西永远总是最好的，失去的恋情总是让人难忘的，珍惜或放弃，都是我们生命中必经的过程，也是我们生活的一种经历。做好自己，不要为了讨好别人改变自己；当然，也不要为了某些因素，固执不变。

玲玲是一个聪明又漂亮的女孩，她口齿伶俐又思维敏捷，在学校里一直是风云人物，毕业后也是如此，所以她的追求者一直络绎不绝。但是这些追求者之中却没有一个能够获得她的欢心，所以在她将近30岁的时候，还是保持着单身。不过，她有一个很好的男性朋友，这个人老实踏实，但是却并非什么白马王子，他和她认识的年头也不短了，玲玲的父母也都见过这个男人，两位老人的想法很简单，希望玲玲离他远一点，不要让这个穷小子“得手”。可玲玲早就有了自己的打算，她只是在等着他鼓起勇气的表白。虽然在很多人的眼里他很平凡，但是玲玲却发现了他的身上有着并不普通的一面，他的坚强和质朴都是不可多得的优点。在一次情人节的夜里，他们两个一起散着步，在朦朦胧胧的月光下，两个人不由自主地牵起了手。人们都很诧异地问玲玲为什么会选择他，玲玲说：“我不喜欢那些虚无缥缈的东西，只有他能给以我那种想要的安全感和幸福感，我为什么不选择他？而且在所有的追求者中没有一个比他更细心，也没人比他更关心我？我知道这才是爱，他爱的不止是我的模样。况且很多东西就是不完美的，但是我们需要的是珍惜自己眼前的一米阳光。”

女人需要珍惜的爱情是真心的爱情，而不是那些构筑在金钱和名声之上的“爱情”，当爱情掺杂了许多杂质的时候，它也就变得不再纯粹了。一个不再纯粹的爱情还有什么可以炫耀的呢？

珍惜也是懂得感恩的一种表现，只有在意，才会珍惜，只有珍惜，才会感恩。我们都不是天生的骄子，我们该更加珍惜自己的生活和所有的一切，不要等失去的时候才明白什么是后悔。

有这样的一个男性朋友，他自认为自己除了与众不同的性格以外，好像就没有太显眼的地方，这倒不是说他性格古怪，而是他不媚俗。不过，他却有一个极美的“桃花运”，有一个性格温婉的女孩喜欢了他整整十年，但不知道为什么他却一直没有对这个姑娘有过一点点的心动。他承认自己是一个记忆力极好的人，他记得她为了等自己，站在雪地里变成了一个雪人；他记得她为了找自己，来到了千里之外的他所在的城市。他并不是没有感动，或许在心里他也不是没有心动，可不知道为什么他在见到她的时候，会像个不成熟的孩子一样摆着一副酷酷的样子。终于，有一天她彻底离开了他的生活，并在一年后告诉他要结婚的消息。那一刻，他才真正意识到自己永远地失去了她，他再也没有机会像个孩子一样在她的面前假装，一向记忆力很好的他到现在都忘了那天他在电话里说了什么，或许他什么也没说，或许他只是故作轻松地祝福了她，但是他自己知道那时候是多么心痛。后来他染上了酗酒的毛病，经常在酒醉后跟朋友说：“人的一生福气只有那么多，我都已经用尽了。”朋友一直想要安慰他，可是却不知道如何开口。

人生很多时候都是这样，有些东西错过了就不会再回来，它们就像是白雪，有堆积的时候就有消融的时候，你昨天看见它是白皑皑的一片，明天可能就已经消失得无影无踪，连一点痕迹都不会留下。

所以，人一定要懂得珍惜，如果你不珍惜你拥有的一切，那么你迟早会失去全部，到时候只会让自己沉入无休止的后悔之中。懂得感恩和珍惜，你才能成长为一个真正成熟的人，成熟的界定并不在于年龄。

有一个已婚的妇女每天都感到自己生活得毫无激情，也没有什么幸福感。于是她在这清如白水的日子里经常抱怨，与很多人说着她的“不幸”。有次她回了娘家，再一次跟妈妈抱怨起这无聊的生活，感叹着生活对自己的不公。

妈妈说：“有一个爱你的老公，有一个可爱的儿子，难道你不幸福吗？”

她困惑的说：“我不知道，我应该是幸福的吧，但为什么我心里总是觉得缺少了点什么，总感觉有一丝的遗憾。”

“那是因为你把爱情想得太美好了，总想要一个完美的结局，你总是希望最初的爱情能够开花结果，但是他却让你失望了，你始终无法解开这个心结。孩子，珍惜眼前的一切吧，只有这样你才会拥有幸福。”

“但是，每次我不开心时，总会想起以前，总会想如果原来的一切可以继续，也许我现在会过得很幸福，也许我一直固执的坚持我自己最初的信念，不管他怎样对我，我只要始终如一，今天的我会是另一番样子吧？”

“孩子，世上没有后悔药，这一切都是命运的安排，当初你是当局者迷，只看到他的优点而忽视了他的缺点，其实现在的他才是最适合你的！孩子，把曾经的那段感情埋藏到心里的最底处吧，好好抓住眼前的一切，你就抓住了幸福！”

“谢谢您，妈妈，我明白了，我会按您的意思去做的，我要做个幸福的人！”

快乐和幸福一直不是空中楼阁，它就在你不曾注意到的角落里，那些年你只顾着拼命地往前跑而忘记了它们在你身边停留的时刻。于是它们只好离开你，去奔向一个真正需要它们的人的身边。

安琪出生在一个平实的小康家庭，她的父母因为只有这么一个独生女，所以非常宠爱她。她从小的生活就是平稳又幸福的，在学校里她是穿得最漂亮的女孩，她也是最多才多艺的女孩。在每个人都羡慕她的时候，她却觉得自己的生活非常空虚，她觉得自己的生活就只有吃饭、睡觉、学习、练琴……16岁的时候，她就开始对这样的生活感到了无聊，可是却没有办法逃脱。不知不觉，安琪已经到了上大学的年纪，她在入学的第一天就告诉自己，一定要在这四年之后好好地为自己而活。

四年的光阴很快就过去了，安琪已经毕业了。她想继续选择自己喜欢的生活。于是，她说服了父母，一个人带着行囊去了另外的一座城市，崭新的环境让她感到了欣喜和好奇，她开开心心地在这里生活了起来。

可是没过多久，她发现生活并非她想象得那样简单，离开了自己的父母，她才明白自己的无力。因为从小一直都是在温室里长大的，所以她不会做家务，也对外界的人和事懵懵懂懂，所以她开始想念爸爸妈妈，想念那些在父母身边的无忧无虑的日子。可是，她却没有那么轻易地就选择了放弃，她要独立，她要坚持。短短的半年时间，安琪迅速成熟了起来，她开始明白自己那些“无聊”的生活是多么幸福，她也明白了父母对自己付出了多少，这时候她懂得了感恩，懂得了回馈。

安琪在新年的时候选择回到了父母的身边，这时的她已经不再是那个不懂事的小公主了，她已经是一个善解人意的大姑娘了。她用自己的工资给父亲买了两瓶最好的竹叶青，给母亲买了她一向舍不得买的大衣，两个老人看到自己的女儿真正地长大了，不禁都红了眼眶。安琪这时的心里已经充满了感恩，她觉得自己现在的生活不无聊了，她爱上了每天早上温暖的阳光，她感谢同事们早上的第一声问候，她开始享受每时每刻自己的小心思了。从此，她的心里再也装不下什么无聊和烦恼了，她每个周末都一定要回到父母的身边陪着他们，她也慢慢地开始接受男生的追求，开始试着去了解他们的优缺点……一个本来有些忧郁的女孩子就这样变得开朗起来，她热情地对待自己身边的每一个人，也积极地帮助每一个人，于是她成了一个“小太阳”、“万人迷”。

每个人都是如此，当我们把很多事情当做理所当然的时候就不再珍惜了，总会不经意地忽视这些生命中弥足珍贵的东西。但当我们明白感恩和付出的时候，就会知道自己拥有了多少的美好，它们原来一直都在，只是你忘记了而已。

我们女人需要在生活中找到快乐，学会感恩，只有这样才能让自己变得温暖起来，如果这个世界真的如你所想的那般“冷漠”，那么你不把自己变热又怎能生活下去呢？所以看似平常的一切都需要我们来珍惜和品味，只有你珍惜它们的时候，它们才会变得真实和有价值，你自己也会变得真实而又有价值。

5.感恩生命，尊敬生命

生命是上天和父母赐予我们最珍贵的礼物，我们必须要保护自己，也必须感恩这个世界能够容纳这个不完美的自己。女人天生都是善良的，也都是纯洁的，因此我们不要因为某一些人的偏激就否定了整个世界存在的意义，人间最主流的情感永远是爱。

快乐和幸福并非取决于你是谁，或者你拥有多么美好的东西，而是来自于你的思想。只有在你的思想中接纳幸福，你才能拥有幸福，所以我们每个人都该想想自己应该感恩的东西，更该珍惜自己生命。

女人是相对而言比较脆弱的，她们很容易在现实生活中感到绝望，虽然这个世界不一定是那样的残酷，但是困难却能让她们感到无助。我们能够在生活中看到各种各样的关于女人轻生的新闻，她们因为失恋自杀，她们因为考试没考好自杀，她们因为与人争吵自杀……这都是非常极端的举措，你要明白，没有什么东西会重得过你的生命，只要你还活着就一切希望都在，就有可能扭转这逆境，如果你选择了放弃生命，那么你无论何时何地都是一个弱者。

每个人都会有陷入困境的时候，我们需要在这些时刻信任和感谢他人，而不是关上自己的心门，让自己闭门造车。锦上添花的事情人人都会做，雪中送炭就很难得了，为了让自己有被人“雪中送炭”的时刻，我们就该先为他人“雪中送炭”。或许在一时之间，你会觉得自己这种付出是没有回报的，但是每个生命都没有绝对的享有权，当你把自己的那份“尊享”分享给他人的时候，你收获的就是一种心灵上的洗礼。

一个西欧的平静小镇因为二战的战火而变得动荡起来，很多男人都因此上了战场，其中有三分之二都没有再回到故乡。这种环境让所有贫困的家庭都面临着危机，因为他们连最起码的温饱问题都难以解决。没有劳动力，他们就无法生产粮食，同时还有孩子们的教育问题，这些都成了大山一样的压力压在了他们身上，于是他们只能求助于镇上的富人。

很多富人都在这样的战时选择了闭门不出，他们拒绝帮助这些穷人，更不想因为这些人而惹上什么麻烦。不过小镇上的面包师卡尔却并不这么认为，他因为征兵时生了一场大病而没有上战场，所以他就成了这个小镇上所剩不多的年轻男人，他的面包店生意很好，许多富人都需要在他这采买粮食，所以他的经济条件很不错。于是卡尔就选择主动帮助这些穷人们，他每天都把镇上最穷的20个孩子叫到他的店里来，对他们说："你们每一个人都能从篮子里拿一块面包，以后你们每天都在这个时候来，我会一直为你们提供面包，直到你们平安度过饥荒和战火。"这些饥饿的孩子们都高兴得跳起来了，他们顾不上什么规矩了，都一拥而上去抢那些热腾腾香喷喷的面包了，有一些男孩子甚至为了得到一块大的面包而大打出手。这时他们的眼里就只剩下面包了，当面包抢到手之后他们就狼吞虎咽的把它吃掉，没有几个人想到要感谢这个好心的面包师。

面包师卡尔发现有一个叫格雷奇的小女孩并没有去抢面包，她在这些人抢完之后，才到篮子里去拿剩下的小面包，而且每一次她都记得亲吻卡尔的手，以表示对他的感谢。

卡尔想："这个懂事的小姑娘一定是要把这几块小面包带回家给家人分享。"于是他就做出了一个决定……第二天，这些苦孩子们又来到了卡尔的面包店，他们还是不顾顺序的去争抢面包，可怜的格雷奇最后只拿到了比昨天那块还要小的面包，可是她还是很高兴，还是在临走的时候亲吻卡尔的手。到家后，她的妈妈掰开了那块小面包发现里头竟然包裹着一枚亮晶晶的金币，她整个人都惊呆了，她知道这块金币可以买很多很多这样的面包。可格雷奇的妈妈并没有选择这样悄无声息地把金币留下，妈妈叫来格雷奇并告诉她：“这一定是好心的卡尔不注意掉进来的，你一定要把它送回去。”

格雷奇把金币送到了面包店，对卡尔说：“好心的先生，我想您一定是不小心把这块金币掉进了面包里，不过它没有丢，我现在给您送回来了。”面包师卡尔摸着她的头顶，笑着对她说：“不是的，孩子，我是故意把这块金币放到最小的面包里。我并没有故意要把它送给你，我希望最文雅和懂事的孩子能得到这份奖赏，是你选择了它，也是它选择了你。所以，现在这块金币属于你了，算是对你的奖励。希望你永远能这样文雅懂事又快乐地生活下去，用感恩的心来面对以后经历的每一件事。回去告诉你的妈妈，这个金币是一个善良文雅的女孩应得的奖赏。”

这个世界就是如此，不是每一步都是算计，也不是每一个人都是坏人。我们要珍惜自己的生命，珍惜自己在生命中遇见的每一个人，他们都怀着和我们一样善良的心，他们却也和我们一样带着冷漠的面具，要想让他们摘下这不悲不喜的面具，就需要我们自己先摘下面具释放自己的热情。

一个女人只有对生命懂得感恩，她才能懂得敬畏，她才能懂得尊重，只知道索取的人是不受欢迎的。很多自私自利的女人都会感觉她们的生活中缺少了快乐，因为她们体会不到相互帮助和给以所带来的快乐和自由，她们永远无法融入到社会大家庭中，更严重的是会影响到她们对于生命的看法。

近些年来，恐怖事件接连发生，仿佛在“9•11”事件之后每一年都有新的话题，其中就包括埃及发生的一起绑架事件，恐怖分子这次把目光放到了国外的游客身上，艾玛就是其中之一。她来自英国的一个富商家庭，从小就是富家女的做派，艾玛拥有着她想要的一切，她也一直觉得自己高人一等，任性的她经常忽略他人对她善意的劝解和开导。

当恐怖分子们劫持他们的时候，艾玛还一时间没有反应过来究竟发生了什么，可是后来的几天却让她痛不欲生。这些人带走了她和她的男朋友，还有同行的十几个人，这些人里面有三四个女性，她们和艾玛一样在随后的日子里遭到了极度变态的折磨。

这群恐怖分子带着这伤痕累累的十几个人穿行沙漠，并且声称如果英国政府不能答应他们交换人质和其他条件，就要把这些人全部杀掉。这些话把所有人都吓坏了，他们蜷缩在一起抱头痛哭。沙漠里条件很艰苦，荒无人烟又气候干燥，他们只能自己搭帐篷和生火，那些恐怖分子不会管他们，所以他们只能自己照顾自己。虽然活在恐惧中，但是很多人却还保有希望，他们认为英国政府正在和当地政府联合搜寻着他们，一旦碰到就会得救。可是艾玛却不这样认为，她没有相信同行人们的话语，那些人说：“我们如今没有被恐怖分子打死就已经不错了，我们应该心怀感激的活下去，永远不要丧失希望。而且现在我们能得到食物和水，这就是我们回国的希望。所以一定不要放弃，我们跟有些被劫持的人质相比，想必已经很幸运了，上帝一直在保佑着我们。”可艾玛听不进这些劝告，她不顾一切的大吵大闹，甚至还对这些恐怖分子出言不逊，所幸的是这些人根本听不懂她的话。可恐怖分子觉得艾玛太吵了，就把她给单独关在了一个屋子里，让她和她的男友还有朋友们分开，失去了男友的照顾，失去了周围人的鼓励，她彻底绝望了，于是开始绝食，不吃东西，没过多久，她的身体就变得很虚弱。最后，在所有的人质被营救出来的时候，只有艾玛一个人死在了荒凉的沙漠里，在一定程度上这是她自己造成的后果。

由此可见，我们需要对自己的生命负责，我们需要让自己时刻懂得感恩。每一天的生活都是自己的幸运，所以我们不能放弃内心的满足和宁静，要相信希望，要握住希望，不要让绝望那么轻易地就征服了自己的理智。

当你遇到不幸的时候，感恩绝不纯粹是一种心理安慰和催眠，更加不能算是对现实的逃避，它是强者歌唱生活的方式，它来自于一个绝对坚强的内心和开朗的个性，这些都会让你把自己的生命包装得更加坚不可催。

生命从来不该被浪费，它会在你经历了挣扎和痛苦之后赐予你更多的感悟，它们会淬炼出一个更加完美的你，让你变得坚强和勇敢，让你有更多的生命体会。因此，女性朋友们，我们要感激生命给予自己的一切，感恩的心会让我们愉快地生活下去，这种美好是为了自己也为了家人存在的，因此一定不要放弃。

第六章　通晓舍得的自信之香

1.自信的你是最美的你

美丽的女人是一个装饰，自信的女人是一道风景。虽然美丽是一个很抽象的概念，但是自信却不是，我们可以通过自信带来美丽，也可以通过美丽来激活自信，二者是相辅相成的。因此，对于女人而言，自信是必不可少的一个素质，只有拥有强大的自信心，女人才能够变得淡定和从容，才能变得有决断又充满吸引力，可以说女人最需要的就是自信。

当你在心里就承认自己是美丽的，那么你就是美丽的。如果你在自己的下意识里都开始否定自己，那么你就绝不会有那么闪耀的模样。即使你本身是很美的，但是也会因为缺乏自信而展现不出一分一毫。著名武侠作家古龙曾说过：“自信是女人最好的装饰品，一个没有信心，没有希望的女人，就算她长得不难看，也绝不会有那种令人心动的吸引力。”如果你对古龙稍有了解的话，就知道这位风流的才子对女人的判断有多么准确。所以，我们在任何时候，都要告诉自己：我就是最棒的。然后以这种最棒的标准来要求自己，那么你就会一点点完善自己，让自己朝着更完美的方向出发。

有一个女孩总是觉得自己长得不漂亮，所以她经常表现得畏首畏尾、犹犹豫豫，这从她平时走路的姿势中都能看得出来，平时从不抬头的她总是怕别人的嘲笑和议论。有一天，她在逛商场的时候发现了一个非常漂亮的红发卡，在看到它的第一眼，她就喜欢上了这个小玩意，她觉得这个发卡非常适合自己，于是她拿起来戴在头上在镜子前转了一圈又一圈。最后，她买下了这个红发卡，戴着它高高兴兴的出了门，这时候她觉得自己不一样了，她昂着头走在路上，觉得自己非常漂亮，也不怕别人的目光了。果然如此，这一路上她的回头率非常的高，这让她感到了一种从来没有过的开心，她觉得这个红发卡给她带来了好运，她终于告别了曾经“丑陋”的自己。可是，在她到家之后，她照镜子才发现她根本就没有戴什么红发卡，原来是因为自己当时太高兴了，就付完钱把发卡给落在了商场。她连忙回到商场去找，看到那个红发卡正安安静静地躺在收银台上。此时，她就明白了一个道理，原来美丽是不需装饰的，只要自信，那么自己就是美丽的。

所有漂亮的女孩们，你们要明白：真正让你看起来闪耀的并非是那些精致的妆容和美丽的衣服，而是它们组合在一起成就了一个自信的有风情的你，所以你的本身才是漂亮的。女人的美丽很大程度上都是来自于对自我的肯定和认同，这时的自信会带动你的美。美是无需他人肯定的，有一些东西是需要自己体会的，根本不需要他人给以你信心。

在现实生活中，我们经常可以看到很多女人聚在一起花痴一样地说："我觉得某某明星长得好漂亮啊，她的气质真是独特，太吸引人了。"实际上，这些明星并不是真的有那么完美，只是她的自信才为她带来了自己独特的气质，许多人真正吸引人的并不是外貌而是气质。没有人会喜欢一杯白水，但是却有人爱茶爱酒爱咖啡，你是什么味道，就取决于你自己想要成为的模样。

当然，女人的一生也不是只有美丽这一件事需要注意，我们需要的还有很多很多。不过，自信能让你胜任所有角色，它会让你在每一个角色的身上都能展现出自己淋漓尽致的风采。每个人都是与众不同的，我们不需要盲从，也不需要模仿，只要沿着自己的步伐走下去，昂头挺胸，那么你就是美丽得独一无二的。

女人的天性中有一点我们不能忽略，那就是每个女人都是爱美的，虽然美丽却不是女人生命中的全部。女人最重要的是要在自己的心中点亮一盏灯，一盏自信又明亮的灯，让它来固定自己的追求，让它照亮自己的前路。

有一个修行的小尼姑，她一直以来都感到有些迷惑，虽然她早晚吃斋，礼佛念经，可是却没有达到解惑的境界。更为麻烦的是，她竟然读的经书越多，懂得越多后杂念就越多。于是她只好去找师傅请教，师傅告诉她："你回去之后点上一盏灯，不要让它灭了，它不仅能照亮你，而且还不会留下你的身影。"小尼姑回去之后就这样做了，这盏灯一点就是几十年。虽然在方圆百里之内她的这座"万灯庵"已经很有名，可是她自己却还是没有真正的得道，她还是站在那个最后的“顿悟”的坎上，一直得不到突破。她一直觉得无论把这盏灯放在哪里，都会照到她自己的影子，后来她试着又点亮了许多盏灯，她以为这样就能够把自己的影子消除了，可是却并没有如愿，她的影子反倒因此更多了起来。这样的苦恼一直持续了很多年，直到她临终前她才在一间黑暗的禅房中顿悟：原来身外的成就再高，灯再亮，都不能照亮自己的心，也只能照见身后的影子。只有强大自己的内心，让自己更有信心，让自己变得皎然清澈，才能够真正得道，才能够真正点亮一盏心灯。

一个女人如果她对自己不够自信，那么她就会对任何活动都不感兴趣，也不愿意在人多的地方出没，这样时间一长，就会让她不愿意与人交往和沟通，也就会变得郁郁寡欢又优柔寡断。一个人的外貌和聪明才智都不能决定自信，只要自信不是盲目的，是出于肯定自己的前提出发的，那么你的自信就绝对会让你在现实的生活中所向披靡。

自信是一种隐秘又伟大的力量，是一个女人通向成功之路的必要条件，同时也是一个女人改变自己人生所必须的条件。当一个人在心里承认自己的时候，她才会拥有更加强大的力量，这力量甚至会超出她的预期。自信就是这样的一种能量，它可以帮助你迈向成功的地点，它也可以帮助你焕发耀眼的光彩，所以女人无论到了什么样的境地，都不要丢失自己的信心。

2.珍重那些阳光灿烂的日子

人人都有过英雄梦，但是真正能成为英雄的人却寥寥无几，虽然有偶然性事件促成的可能，可大多数时候人们必须经历在平淡的生活之中，安安静静地度过自己平凡的一生。我们从不拒绝平凡，但是拒绝平庸，我们的命运要掌控在自己的手里，而不是寄希望于外界的助力。大多数的人生都是不可能有那么多闪光点的，可我们不要因此而感到烦恼，因为这是我们每一个人都必须要走过的路，平凡的日子也一样阳光灿烂，值得珍惜。

在生活中，聪明的女人可以顿悟自己的人生，看淡自己对于人世的需要，这样也就能更好的抵御外界对于自己的诱惑。只有舍弃这些烦恼和痛苦，我们才能提高自己生活的品质，而生活的质量并不是取决于你拥有了多少钱财和名利，而是你对于它的使用方式。愚蠢的女人会在混沌中度过人生，她只会让自己陷入那些追求名利的漩涡之中，她难以自拔地一直索取，从而很快地就会让自己耗尽能量。所以，我们要做一个聪明的女人，首先就要改变自己对于生活的态度，然后再一点点地加强自己对于欲望的抵抗性，这样才能让自己变得快乐。

昨天已经在我们不经意间消逝了，而明天却迟迟还没有到来，所以我们最重要的还是抓住今天。虽然今天可能看起来是非常平凡的，但是它却能够让你得到一种最真实的体会，这就是今天的体验。人最重要的是活在当下，让自己明了时间的重要性，也能更好地知道如何去维护今天，活在昨天的人是悲观的，活在明天的人是愚蠢的，只有活在今天的人才是智者。

人的一生中有两种情绪最差，那就是为了往事而悔恨，还有为了未来而担忧，这两种情绪都不会帮助你改变过去和未来，它们除了能让你在今天感到更加的无助和难过之外，一点用处都没有。人需要在知道悔恨的时候弥补，在知道担忧的时候努力，这些都需要你在今天来一点点解决，不要把任何事情都拖到不能再拖为止，这种惰性终究会害了你。

马瑞是一个非常喜欢唱歌的女孩，她每一天早上起来都会在房前的空地上唱歌。一个邻居听到了之后，就冷笑着对她说："你即使喊破了嗓子，也不会有人给你喝彩的，因为你的声音实在是太难听了。"马瑞说："对不起，是不是打扰到您休息了？我也知道可能不会有人给我喝彩，可是这是我的爱好。"

第二天，她还是在这个地方唱歌，她的邻居又走了过来面带不悦的对她说："你真的没有唱歌的天赋，昨天唱得差，今天一样差，明天恐怕会更差！"马瑞说："我明白，您说的话别人也对我说过，但是我不在乎，我要抓住今天的时间来练习，来充实自己，这样我才有可能在明天让所有人改变看法，如果我不努力，那么就永远也没有人为我喝彩。况且我是为自己活着的，也不太需要活在别人的认可里。我只知道在唱歌的时候会感到从里到外的快乐，这是在其他时候所体验不到的，所以无论你们怎么指责我的声音难听，这都不会动摇我唱歌的决心。我只明白一个道理，那就是抓住今天才能握紧明天。"

的确啊，我们不需要活在他人的认可里，也不需要活在昨天和未来里。当我们只注意昨天的灿烂和明天的繁华时，就一定会忽略了今天的意义，其实只有今天才是我们的生活。如果你追求的快乐永远是参照他人的模式，那么你的一生都会悲惨地活在他人的世界观里，永远也找不到自己。

懂得善待自己的人都是珍惜今天的人，为自己的今天活一次，即使没有人为你喝彩，但是你也会一样收获到今天最美丽的阳光和月色。虽然在传统观念中总是要求人们为将来而牺牲现在，可是按照这样的逻辑，就意味着你永远也没有现在，你永远都只能活在未来的幻梦中，如果有一天这个未来迟迟不到，那么你将丢失多少个灿烂的今天呢？未来不是在祈祷中降临的，它是在你一步步的付出中出现的，我们不可以在信仰中迷失自己，更不能在他人的许诺中忽略自己。寄希望于未来并没有错，比如给自己设定一个工作或学习的目标，期望自己能够慢慢达到。但一旦这种希望变成奢望，或者在自我催眠中让自己已经相信了明天一定会到来的样子，那么你就失去了今天的意义。我们需要抓住现在的光阴来脚踏实地的努力，而不是回避现实来空想未来的美好。所有幻想的美好，也许在真正降临的时候也并不是那么耀眼，只因你一旦亲身经历之后可能就会把那种虚构的美感破坏掉，所以真实的感受远比幻想要残酷。

阳光和雨露一直都在你的身边，所以你不要感到绝望。或许你是一个低工资的人，或许你是一个孤独半生的人，可这些都不是你要刻意回避现在的借口，这个世界上总有比你生活还要凄惨的人，只是因为每个人都放大了自己的痛苦，而忽略了他人的痛苦而已。因此，我们需要保护自己，需要相信自己，未来不会在等待中默不作声的来到，它需要你轰轰烈烈地为它奋斗。

女人们，我们拥有的时光只有今天，所以我们要抛弃那些曾经纠缠我们的往事，所以我们要远离那些虚伪飘渺的未来，就让我们珍惜眼前这些阳光灿烂的日子吧。当然，不仅对于时间如此，对于人事都要如此，珍惜眼前才是人生的主题。抓住今天，关闭昨天和明天的空想大门，利用好今天的每分每秒，让自己充实起来，让自己把这个可能会毁掉的一天变成精彩的一天，让它的每一刻存在永远是有收益的，这个时间就是我们行动的一刻，就是我们下定决心的一刻！

3.忘掉曾经的伤痛，重新上路

生活是一条崎岖动荡的路，它早在你启程之前就已经注定了是这样，所以我们每一个人都无法拥有一个绝对风平浪静的人生。在多愁善感的女性心里，有时候这些挫折和伤痛会被无限放大，甚至很可能影响到我们的生活。但是这种情绪却不是应有的，因为不论你的内心有多不舍不甘，那些事情该发生的都已经发生了，那么你就没有必要去为了它而感到沮丧，与其跟过去较劲，远不如从今开始让自己重新上路。

你是不是觉得，曾经那么多的美好回忆都离你而去了？你是不是觉得，那些可爱的人和那些开心的事都在今天找不到了？在现代社会有这样疑惑的人太多太多了，人变得越来越脆弱和多愁，虽然在表面上每一个人都在掩饰着自己内心的空虚和恐惧，可是在他们的内心深处早已经翻江倒海了，他们看不得一切能够勾起自己回忆的东西，他们总是在强调着自己忘不掉。其实，有什么事情是真的忘不掉呢？往日之事不可追，它既然已经离我们而去了，你忘或不忘都不能对你再拥有它提供一点帮助，而且很多时候人们忧郁地让自己沉浸在过去的悲伤中，刻意地忽略了那些过去的美好，这是一个病态的心理。你要知道，你为了过去神伤是对今天的自己施加的惩罚，离去的那个过去不仅不会对你有丝毫怜悯，还会更加变本加厉的愚蠢惩罚你。有时候你都会感觉到为什么自己越来越痛苦，越来越难以忍受现在，恐怕这就是因为你在过去的痛苦中把自己给扭曲了，让自己越来越适合过去的同时，就越来越不适合现在，这对一个人的生活有着致命影响。

2008年中国发生了两件大事，一是北京奥运会顺利开幕，另一件就是震惊世界的“5.12”大地震。在“5.12”大地震中发生了一幕幕人间惨剧，其中有一个不幸的年轻母亲就是受害者。她在大地震来临之前正好在给自己的儿子洗澡，地震来临，她们娘俩都被埋在了废墟之中，她为了救自己的儿子激发了自己的全部能量，她竭尽全力地保护着自己的儿子，让他不至被断瓦残垣伤到，可是时间一点点的过去了，她们两个还是没能等到救援人员的到来。

几天后，救援人员终于找到了这里，她的儿子已经因为窒息而死了，而她自己也因为当初的奋力挣扎被砸断了下肢，再加上儿子夭折，她的情绪也不稳定，这让救援人员非常担心。所幸的是，经过一轮抢救之后，这个年轻的母亲活了下来，只是失去了一条腿。她从一个幸福的妈妈变成了一个残疾的女人，这种落差相信很多人都承受不了，所以很多医务人员都在不停地劝她。可这个坚强的女人没有在悲痛中沉浸多久，很快就选择了接受现实，她不仅配合医生们的治疗，还鼓舞身边的病人们。

她参加了残疾人舞蹈团，她想通过自己的舞蹈给身边的人带来勇气和能量，鼓舞和她一样不幸的人们从伤痛中走出来。当人们看到她在舞台上快乐地舞蹈，艰难地做出每一个动作的时候，都被她坚强的精神所感动。有记者就问她：“是什么让你从悲伤中走了出来？”她说：“既然不幸已经发生了，我们再悲痛也没有用。其实我比那些在灾难中死亡的人幸运多了，至少我还保住了性命。我要告诉大家，我们现在不是需要过多地哀悼死去的人，而是应该考虑如何更好地对待活着的人。”的确如此啊，在不幸发生的时候，她别无选择；可是在不幸发生过后，她就能够自己选择了。她在分岔路的路口选择了光明，这是她最明智的地方，只要你愿意，其实你随时可以重新开始。

生活就是这样，能够改变它和掌控它的只有你。你能够决定自己从什么境地走出来，也能决定自己能到什么样的新天地，如果让负面的情绪主宰着你，那么你就在选择中多了一道无法逾越的障碍，再也无法翻越。发生不幸的事情，是每个人在人生中都可能遇到的，重要的不是它对你造成了多大的伤害，而是在于你如何去面对它。我们应该明白，过去已经过去，它永远不会回来，所以对于你来说无论是喜是悲，它都不可能改变，所以你最关键的是要把握好现在的每一天，这样才能让自己拥有一个更加圆满的人生。

女人的本性就是温柔和善良的，所以这种天性里的柔弱很容易让她们在过去的悲伤中难以释怀。更严重的时候，甚至都能让她们产生一种迫害妄想症，严重地影响到平时的一举一动。

有这样的一位女士，她近几年得了一种非常奇怪的病，她经常感到非常饥饿，无论怎么吃却都还是感到饥饿，只有吃到自己已经咽不下去的时候，她才会停下嘴巴。当然，这么吃肯定会对肠胃造成伤害，而且她也无法消化，在吃下去的一段时间内，她就会不停地呕吐，直到把胃里的全部食物吐出来为止。她的朋友和家人们对此都感到非常担忧，所以就劝她去看看医生，但是她去了很多家医院都查不出结果，在一次次化验之后，她都能看到那个检测正常的身体指标。

这时，她的一个好朋友告诉她去看看心理医生。于是她就来到了心理医生面前，当时她并不认为一个心理医生能够治得了自己，所以她就漫不经心地说出了自己的症状。心理医生问她："你是什么时候开始的这种症状呢？"这个女士回答说，是在她大概35岁的时候。医生又问她那一年是不是发生了什么事情。她说："那一年是我和前夫离婚的时候。"医生跟她说，你需要把你的前夫和你的故事描述一遍。这时，这个女士的情绪激动了起来，她恨恨地说："我的前夫是这个世界上最卑鄙无耻的人！他是个禽兽不如的人！当年的他只是一个穷司机，并没什么钱，那时候我就义无反顾地嫁给了他。我们两个一起经营了一个小运输队，从最开始的两辆车开始做起，一点点地扩充了实力，我把自己的全部积蓄都交给了他，还负责整个车队的管理工作。公司慢慢壮大了，可是没过多久，在他正式成立物流公司的时候，他就慢慢变得跟以前不一样了，他开始喜欢吃喝嫖赌，也经常和一个女人鬼混。我劝了他很多次，他不仅不听，还对我恶语相向。我不想把自己亲手经营起来的公司交给另外的女人，所以我坚决不跟他离婚。于是，这个畜生就带着那个女人回家，在我的面前晃，并且让我躲开，他们睡在我的床上"。说到这，这个女士哭了起来。

心理医生递给了这个女士一片纸巾，并安慰她说："您不要这么伤心了！是不是因为这件事你们就离婚了呢？"这个女士接着说："嗯，我同意了离婚。但是我要求把财产平分，但我的前夫十分卑鄙无耻，他买通了别人转移了财产，让我一分钱都拿不到。"这个女士说到这里的时候已经不能控制自己的情绪，她时而哭时而苦笑。心理医生说，其实她根本就没有什么病，她出现的这个经常饥饿的现象是因为她在借此转化对前夫的愤怒。因为她一直无法释怀这件事情，所以她才会想通过狂吃东西的方式来让自己转移注意力。最后，医生告诉她，想治好你的病非常简单，那就是忘掉你的前夫，忘掉你们之间的故事，重新开始生活。

作为女人，我们应该明白这个世界上除了父母之外没有人会把我们捧在手里，所以很多时候我们需要坚强地面对这个世界。在懊悔和痛苦之中永远也不能让自己拥有一个更好的生活，所以我们不能一直在冬天的冰天雪地里生活，而是要努力赶往春天，奔赴一个美好的约会。

人生的旋律很难谱写，但是却又很简单，它在不停地失去和得到中一直向前的。我们可能会失去青春、失去美貌，我们可能会失去挚爱的情人、失去血浓于水的亲人，可是我们却在这些失去中得到了让自己变得坚强的力量，当我们没有什么可以失去的时候，生命也就走到了尽头。人生不过如此，谁都是在不停地奔波和追逐着，谁能够免俗呢？谁又能够保证自己的一生都能平静地度过呢？

生活就是有起有落的，今天的得意可能紧接着明天的失意，所以我们不要太过在意得失。你要相信，人生有失必有得。女人们尤其不要抱着那种悲观的眼光来看待这个世界，如果你的眼神是灰色的，那么这个世界又怎么能有一点温暖和色彩呢？只有保持一个平常的坚强心，让自己勇敢地面对生活中发生的种种不幸，才能让自己走出过去的悲伤阴影，才能让自己自由地翱翔在明天的蓝天里。

4.你的情绪由自己掌控

心态和情绪会决定一个人的命运，乐观和向上的情绪会让人感到轻松和愉悦，在这样的状态下人会激发出超越平时的能量，也就会超水平的完成一切工作。而且乐观的情绪会改变一个人的精气神，她很可能因此会显得年轻有活力，做事也能很轻松地做好。好的情绪就是正能量，它就像一块电池，总是在我们力不从心的时候给予我们最强有力的帮助，让我们度过一次又一次的难关。

生活中，女人很容易陷入到不安和焦虑的情绪之中，这种消极的情绪会使我们经常感到疲惫和绝望，长期在这样的情绪下生活，会让自己失去激情，也很容易分散精力，做事情很难能做好。因为我们在日常生活中总有或多或少的情绪，适量的发泄我们的情绪那是正常生活压力的释放，但要适度，过度的释放情绪会给我们的生活、工作、社交带来影响，甚至危害我们的人生。当然，控制情绪并不能倚靠他人的帮助来完成，我们需要自己来控制自己，让自己作自己情绪的主人。

怎样控制自己的情绪呢？那当然要从正确的方向来规划自己的情绪。首先，我们需要保持笑口常开，一个喜欢笑的人，自然心情愉悦，脸上经常挂着笑容的人，往往运气也比较好，谁忍心拒绝一个满面笑容的人呢？笑容会让你打开与他人交际的大门，笑也可以让你看起来更有魅力，笑更可以让你散发出那些不好的情绪。

其次，要学会合理发泄。如果情绪不好，不能总憋在心里，而是要采取合适的方式发泄出来，可以听音乐，看书，散步，写日记等，不能让坏情绪持续太久，影响身心。但是有一些以伤害自己或他人的排解方式是不推荐的。就算你自己觉得真的难以忍受的时候，你还可以找个人倾诉，因为朋友总会给你一些好的建议。我们可以在生活中看到很多人脾气不好，是因为没有人肯听他说话，找人倾述就是缓解情绪的最好办法。找个信赖的人，把你的苦闷，烦恼，郁闷一切全部发泄出来，你会发现说完以后就轻松了很多。

再次，要学会转移力。如果做一件事总是不如意，你就会感到气馁和愤怒，这个时候坏情绪就已经充满了你的大脑，很可能会让你失去理智。所以这时就转移一下自己的注意力，先做自己喜欢的和擅长的，等喜欢的事情做好了之后，会很有成就感，这样再回过头做刚开始的事情也会顺手得多。这就是非常适合的调节情绪的方法，而且是对所有人都适用的一种方式。

最后，我们还要懂得自我减压和积极暗示。压力往往容易让人紧张，进而引起诸多的坏情绪，所以我们要学会自我减压。让自己劳逸结合，在忙碌的工作缝隙里找到一点安心和愉悦的事情来做，同时再给自己积极的心理暗示，情感会变的好一点。如果你认为自己是优秀的，那么你就会变得优秀。人不能否定自己，否则就会酿成很不好的后果，有些甚至是你根本不敢想象的后果。

有一个女孩，她出生在一个偏僻的农村里，她从小的愿望就是能够考上大学，然后到一个自己向往的大城市里去生活。这个理想使她的上进心非常强，好胜心也非常强，所以一直以来都刻苦的她学习成绩一直都不错。不过现实却跟她开了一个很残酷的玩笑，第一年高考，她差了10分失利了；灰心丧气的她在家人的支持下选择了复读一年，第二年的高考她竟然还是落榜了。这个打击让她一蹶不振，她无法控制自己这种痛苦的情绪，她把自己关在了房间里，整天不吃不喝不睡，满脑子都想着自己的失败。她的家人也没办法把她从房间里弄出来。于是只能在几天后找人硬把房门撬开，这时的她已经变得有些疯疯癫癫了，家人带她到医院一检查，医生确认这个女孩因为考大学落榜而患了精神病！这样的一个花季少女竟然因为这样的一个挫折就疯掉了，这成了当地的一个爆炸性新闻，虽然家人还是没有放弃给她治疗，但是这个女孩恐怕在当初失败的那一刻就已经放弃了自己，她一直在引导着坏情绪的迸发和对自己的控制，最终演变成了这个让人感伤的结果。两年之后，有一个邻村的残疾人来到她家提亲，希望能够迎娶这个女孩，她的父母虽然不舍，但是却也觉得应该让自己的姑娘有下一代了，于是就勉强同意了这门婚事。可没想到因为她和丈夫多年没有子嗣，丈夫一家就选择将疯疯傻傻的她卖给了人贩子，经过几次辗转，她被卖到了一个穷山村！还嫁给了一个50多岁的鳏夫，与他生下了两个孩子……因为她总是发病，经常惹事，所以她丈夫只好把她锁在了一个山洞里，每天只按时给她送饭送水，一眨眼5年就过去了，在她被人发现救出来的时候，她已经彻底失去了语言和生活能力！这个故事是让人感到寒心和恐怖的，一个女孩就是因为心理脆弱，让不堪的坏情绪控制了整个自己，才导致了这样悲剧的发生。

我们不能因为遭受一次打击就否定自己，也不能刻意去引导坏情绪。我们要控制自己的情绪，要时刻注意它的波动。也就是，时时提醒自己注意：我现在的情绪是什么？例如：当你因为朋友约会迟到而对他冷言冷语，问问自己：我为什么这么做？我现在有什么感觉？如果你察觉你已对朋友三番两次的迟到感到生气，你就可以对自己的生气做更好的处理。有许多人认为：人不应该有情绪，所以不肯承认自己有负面的情绪，要知道，人一定会有情绪的，压抑情绪反而带来更不好的结果，学着体察自己的情绪，是情绪管理的重要一课。

在了解了自己情绪的波动之后，就要明白怎样引导和控制它。这时，我们可以通过适当的抒发来驱散这种坏情绪，再以朋友约会迟到的例子来看，你之所以生气可能是因为他让你担心，在这种情况下，你可以婉转的告诉他：你过了约定的时间还没到，我好担心你在路上发生意外。试着把“我好担心”的感觉传达给他，让他了解他的迟到会带给你什么感受。那么，什么是不适当的表达呢？例如：你指责他：每次约会都迟到，你为什么都不考虑我的感觉？当你指责对方时，也会引起他负面的情绪，他会变成一只刺猬，忙着防御外来的攻击，没有办法站在你的立场为你着想，他的反应可能是：路上塞车，有什么办法，你以为我不想准时吗？如此一来，两人开始吵架，别提什么愉快的约会了。如何适当表达情绪，是一门艺术，需要用心的体会、揣摩，更重要的是，要确实用在生活中。

缓解情绪的方法很多，有些人会痛哭一场、有些人会找三五好友诉苦一番、另一些人会逛街、听音乐、散步或逼自己做别的事情以免老想起不愉快，而比较糟糕的方式是喝酒、飙车，甚至自杀。要提醒各位的是，缓解情绪的目的在于给自己一个理清想法的机会，让自己好过一点，也让自己更有能量去面对未来。如果缓解情绪的方式只是暂时逃避痛苦，尔后需承受更多的痛苦，这便不是一个适宜的方式。有了不舒服的感觉，要勇敢地面对，仔细想想，为什么这么难过、生气？我可以怎么做，将来才不会再重蹈覆辙?怎么做可以降低我的不愉快？这么做会不会带来更大的伤害？根据这几个角度去选择适合自己且能有效舒解情绪的方式，你就能够控制情绪，而不是让情绪来控制你！

网上有人这样说过我们该如何控制自己的情绪，虽然篇幅不长，但是却可以引起我们的重视，也可以适当的借鉴一下：

①找出使自己产生异常紧张情绪的诱发事件，例如当众讲话、考试、工作压力、人际关系等。

②分析挖掘自己对诱发事件的解释、评价和看法，即由它引起的信念，从理性的角度去审视这些信念，并且探讨这些信念与所产生的紧张情绪之间的关系。从而认识到异常的紧张情绪之所以发生，是由于自己存在不合理的信念，这种失之偏颇的思维方式应当由自己负责。

③扩展自己的思维角度，与自己的不合理信念进行辩论，动摇并最终放弃不合理信念，学会用合理的思维方式代替不合理的思维方式。还可以通过与他人讨论或实际验证的方法来辅助自己转变思维方式。

④随着不合理信念的消除，异常的紧张情绪开始减少或消除，并产生出更为合理、积极的行为方式。行为所带来的积极效果，又促进着合理信念的巩固与情绪的轻松愉快。最后，个人通过情绪与行为的成功转变，从根本上树立起合理的思维方式，不再受异常的紧张情绪的困扰。

很多事情都是看起来很简单，但是真正做起来却并不容易。比如我们想要控制自己的情绪就不是什么太容易的事情，首先我们要有强大的自信心来消除情绪带来的恶果，而且还需要有恰当的方式来解决情绪，绝不能任由情绪作祟，让自己变得或是冲动或是脆弱。

好的情绪是可以培养和保持的，许多的成功人士都有着这样的能力，所以我们女人想要改变自己的生活，就要从掌控自己的情绪做起，我们要明白心态和情绪会决定今天，而今天会影响明天，明天会影响到整个人生。所以，你在选择以什么样的心态来面对事情的时候，就是这件事情对你反馈它的回报的时候，你若积极它便弱势，你若消极它便强势，因此我们不要害怕，不要躲避，就让这些情绪自然地来，然后我们自然地把它们控制住，再叫它们离开。

5.欣赏优势，不放大劣势

世界上有千颜万色的花，也有着各种类型的人，就像没有相同的花朵一样，人也没有哪两个是相同的，有的人桀骜不驯，有的人天真烂漫，有的人多愁善感，有的人豪气冲天……这都是各个人所展现出来的自我的特点，所以很难说谁对谁有绝对压倒性的优势。因为我们就是根本不同的人，又怎么能做比较呢？

女人的攀比意识很厉害，她可能会嫉妒他人的老公多金又帅气，她可能会嫉妒同事漂亮又聪明，这时的她就完全把自己放在了劣势的一方，她总是在下意识里觉得自己不如对方，所以才会产生嫉妒的心理。实际上每个人都有着自己不同的幸运，每个人也都有着自己独一无二的特点，虽然都不完美，但是我们也都是上天的奇迹，人生在世就已经是很幸运的了，我们不要刻意放大自己的缺点，或者用自己的缺点来和别人的优点比，如果你如此做，除了痛苦之外别无所获。生活在这个时代的女人们，可能都懂得这个道理，但是却不能真正地把这些道理运用到生活之中。她们很容易产生自卑的苦恼，她们觉得自己什么都不如别人，完全发现不了自己身上的闪光点，因此对自我感觉差到了极点，所以就失去了奋斗的勇气，也就失去了上进心，她也就会浑浑噩噩地度过了一生。

有一个经理说过一个这样的故事，他说：有一次，一位业务经理在报告中讲了自己的三个缺点，因为他讲自己的优点只有一个，缺点却讲了三个，我印象特别深。他说“我的缺点是记性差、丢三落四、做事犹豫。”

这前两个缺点在我听来就够要命的了。在职场上，试想，哪位经理哪家公司愿意要一个“记性差、丢三落四”的员工呢？假如交待给他一项特别的工作，你会放心吗？

因为这个人是刚毕业的新人，没有多少职场经验，我猜想他是放大了自己的缺点，就问：你说自己记性差、丢三落四，请举最近的丢三落四的例子来听听。

他一时没想起这个“缺点”后面的事例，我就提示“是坐出租丢东西，还是出门忘带钥匙？还是其他？”他想了想，说：比如妈妈打电话问早上或中午吃的什么？经常想不起来。

我笑起来。我闺女每天中午吃学屋，晚上回家问她中午在学屋吃得什么或晚上在奶奶家吃了什么，她多半也会回答我“忘了”。其实母子或母女关于“吃的什么饭”的这种对话是形式上的关心，作为子女的那个人多半是不上心这种问题，回答也是敷衍，并不是他（她）记性不好。比如刚参加工作时我妈几乎天天都问我几点上班？现在我也经常问闺女几点放学。今天她告诉你了，明天你还会问，那是日常的家常对话，不代表我妈或者我自己记性不好。

我常常“标榜”自己“记性很好”。当我觉得自己记性好的时候，其实是在心理上给自己一个暗示，我要记性好，“好记性”是我要的状态。于是我就在别人眼中，在自己心目中成为了一个——记性好的人。如果真的记性不好或者丢三落四，也要接受自己的这种“缺点”，只有接受才能容许自己有所提升和改善，因为你不可能事无巨细记住所有的事。十多年前，有个同事打出租车把一台一万多块钱的电脑落车上了，幸好后来找到。当别人鄙视他的时候，他说“我就不信你们没有粗心大意的时候？”我至今还记得他的眼神。

因为他所说的自己的这些缺点，所以我给他延长了一段时间的试用期，这就是因为我对他的不够信任所造成的。所以，作为职场人士，有机会在公众面前必须要谈自己优缺点的时候，就多讲讲自己的优点吧，以增强自信心；至于缺点，一条足矣，有些你自己挑剔、深挖出来的“缺点”，在别人那里很有可能会被放大无数倍，影响自己所谓的“职业生涯”。因为，这世界上很多所谓的管理者大都是爱吹毛求疵爱挑人毛病的人。

我们知道很多女孩都喜欢比较，比如外貌，可实际上这是一项最无聊的比较，每个人都有不同的风韵，为什么要比呢？而且很多时候大家认为的美和丑都带有时代的眼光，所以在不同的时代，美丑的标准都不甚相同。还有不少人会把自己的境遇和能力与他人比较，她总是觉得自己并不如他人好，其实她总是忽略了一点，或许她自己也是被别人比较的参照物。大多数的女人其实并不是她所想象的那么差，只是因为心态失衡才导致了她的自寻烦恼。这个世界上本来就没有完美的人，无论是在工作中还是生活中，都是如此。

每个人都有着自己独特的优势和缺陷，我们要做的是欣赏自己的优势，而不把缺点放大。如果你总是觉得自己不如别人，那么你就肯定不如别人。你要相信自己能够做到，你就一定可以做到。如果你想把自己的优势发挥出来，不妨了解一下一些女性成功人士的做法：

①星巴克总裁米歇尔•盖斯每天清晨4：30起床去跑步。雅芳总裁钟彬娴每天早上5：00起床。美国《时尚》杂志主编安娜•温图尔

每天早上6：00起床。这些女强人认为早一些起床能够与成功更近一点。

②有调查显示女性就职者在薪酬待遇上的协商不如男性就职者的频繁和成功，这也正是人们常说的性别待遇差。在发达国家，职场的男女时薪仍普遍存在15%—20%的高低差，并且这个差距随着年龄增长而扩大。20岁时女性就职者和男性就职者的薪金差距较小，差距在10%左右，40岁时这个差距已经拉开到25%以上。

③四季酒店的首席执行官凯蒂•泰勒曾表示自己一度成为了“控制狂”，大小事务都必须经过她的审查让在她身边工作的同事感到压力重重。泰勒认为工作就像是很多不同材质的球，遇到一些具有弹性的橡皮球越大力去拍反而越难控制，只要让这些球在各自的轨道内正常运转就好，不需要处处紧逼。

④著名社交网站脸谱网的首席运营官雪莉•桑德伯格认为在职场上不仅要不耻下问还要找到好导师，她认为过于独立的工作逻辑不利于成功，花时间和精力在与能够帮助你的良师益友上非常有必要。丰富经验和活跃思维是人际关系对工作的直接促进。

⑤在如今的生活中，变化发生在很短的时间内，永远需要保持一颗好奇的心，去学习和适应新环境。迪斯尼媒体网络公司的共同主席、迪斯尼ABC电视集团主席安妮•斯维尼一直坚持让自己充满好奇，她表示新想法、新工作和新产业的诞生都会让人兴奋，聪明的人会不停地提出问题。

⑥雇佣你的人永远比你聪明，对雇主交代的工作要仔细听并想办法更好地完成。尝试多种办法和丰富多样信息对工作能力的提高有极为明显的帮助。零售和媒体公司QVC的美国首席执行官克莱尔•沃特斯每周二会打开自己办公室的门，让职员有机会跟她进行提问和交流，她发现对员工的短暂指导能够让整个公司的工作效率提升

更快。

⑦金宝汤公司的首席执行官邓尼斯•莫里森在刚开始工作时就想过有一天能够成为公司的领导者。她为达成这个目标一直有步骤地学习和进步着。在工作中设定一个短期和一个长期的目标对职场成长有十分重要的作用，它将提醒你应该做什么并做到什么程度。

⑧“不”这个词需要经常出现在工作中，既要懂得拒绝，也要适应对方拒绝。世界粮食计划署执行主任尔萨林•科逊表示从女性职业者口中听到“不”的次数很少，但只要克服了心理障碍，事情都变得容易了。

相信自己，相信自己可以做到一切，你真的没有那么差，而且你的生活也没有你想象得那么糟糕。只有在开掘自己的优点之后并放大，你才有机会成就自己的梦想。梦想并不是梦，你可以实现，只有你相信自己的时候，它才会变得真实。有一位著名的心理学家曾经说过：“如果你有一个优点，将它发挥到极致，那么就足以让人们忘掉你的许多缺点，而对你产生好感。”

我们女人每个人都有自己独特的东西，都有自己的长处和优点，所以我们不可以妄自菲薄。上帝在赐予我们生命的时候，其实是公平的，每个人都有着与众不同的能力，这在于我们是否真的将它开发了出来，大多数人的优势早被自己不足的自信心给掩埋了起来，可能一辈子都见不到光。因此，我们每个人要做的就是在重重的现实磨砺中发现自己的独特，展现自己的才能，这样才能让自己的才华散发出来，而不至于被埋没。

6.舍去悲伤才能拥抱阳光

经常坐在幸福的靠椅上，人会变得自满又脆弱，可走在崎岖的山路上，人却会变得坚强有活力。人并不是一种养尊处优的动物，人需要淬炼，需要磨砺，因此如果你想让自己的人生上升一个境界，那么就需要我们与强风暴雨对抗，让自己的翅膀带动自己改变飞行的路线，这样才能升向更高的天空。

阻碍我们前行的往往不是什么真正的灾难，而是一些自己心底难以排解的悲伤。悲伤经常来源于我们过去不快的回忆，它们就像我们最亲爱的影子一样，一直离不开身边。于是我们在生活中可以看到许多女人是忧郁的，是敏感的，甚至是脆弱的。这是因为她们每个人的心里都有着一段自己不愿碰触的过去，或许那些回忆并没有那么糟，但是在她们不更世事的心里却有着毁灭般的力量。

因此，女人想要让自己的生活过的轻松一些，快乐一些，就需要忘掉过去的悲伤，让自己阴晦的心底照进温暖的阳光，让心底那些久久未曾翻动的土壤也享受到新鲜的空气和雨露，这样才能让自己从根本上忘掉那些悲伤和压抑。如果你不知道该如何忘掉那些让你不快的因素，那你可以试着改变自己的思维方式，争取让自己从优势方面做起，先转移注意力，让自己投身到最爱的事业上，经过一段时间之后，你或许会有一天豁然开朗，你会发现原来过去的自己是那么幼稚，过去的所谓“悲伤”原来是那么可笑。

露娜不是一个漂亮的姑娘，甚至可以用丑陋来形容，她眼睛小的像一条细缝，而嘴巴又有些扭曲，所以她一直不讨人喜欢。露娜的亲生父母都因为这个孩子长得不好看而遗弃了她，幸好她被一对好心的好夫妇发现并收养，她才捡了一条命。在她小的时候，因为样貌不出色，所以她也很悲伤，经常都默不吭声的把自己关在屋子里不出来。她的养父母是经营花圃的，他们亲手种出许多漂亮的花卉，所以他们也把露娜当成一朵未开放的小花一样看待，他们经常对她说："所有漂亮的东西都是经过精心培养和浇灌出来的。就像种花一样，每个花起初都是一块根茎，它都是丑陋的，可是经过精心地照料，就能开出美丽的花朵。"这些话让露娜不再悲观，她终于能开始正视自己的生活了。她开始渐渐地忘记自己的丑陋，专心致志地跟老夫妇学习种花的技术。在她刚刚19岁的时候，老夫妇就先后去世了，她在伤心之余，还得尽心尽力地照顾好这一大片花圃。露娜默默的劳作，她将老人传授给她的所有经验都灵活的使用在了花卉种植上，而且她发现自己在这方面非常有天赋，在实践中她还发现了很多可以改良的地方。功夫不负有心人，她的花卉技术终于得到了大型花卉展览的关注，组委会的领导们亲自到她的花圃来考察，并诚挚地希望露娜能够参加他们的活动，并且做一个专门的演讲。这时的露娜早已经走出了过去的阴霾，她已经能够坦然自在地面对这些场合了，她不再恐惧，她不再自卑，这时大多数人的眼中她就是一个花卉专家，没有人再去在意她容颜的美丑了。在这次花卉展览过后，她还甜蜜地收获了自己的爱情，她与一个花卉的爱好者相识了、相恋了，如今他们已经有了第二个孩子，生活不知道有多甜蜜。

人是需要成长的，只有在生活中不断让自己充实起来，你才能够到达一个真正的崭新境界。没有人会一帆风顺地走过一生，所以有挫折和悲伤很正常，你可能当时并不能释怀，但是在自己慢慢地成长之后，你都会对当初的悲伤轻轻一哂，那些东西在漫长的人生中都算不得什么大事。一个孩童和一个成年人对于很多事情的看法都不会相同，所以时光会改变一切，只要你没有因为过去而耽搁了前进的脚步，那么时间就会让你更加成熟，也会让你对过去和未来做出更加透彻合理的安排。

塞涅卡曾经说过："伟人就是像神一样无畏的普通人。"如果一个人能够无畏恐惧，那么他就能激发自己的全部能量，很多时候那些超越自己的奇迹，都是通过对厄运的抵抗和征服造就的。从古至今有很多中外名人都说过很多关于这方面的名言，比如美国的著名牧师马非说过："一切的灾祸中，一定藏匿着幸运的胚芽。"英国诗人奥斯卡·怀路也说过一句精彩的话："有悲伤的地方，才有圣地，相信社会中的每一个人早晚都会了解到这个道理！在未了解之前，就可以说那是他还不了解人生！"这些人所说的话中给我们传达了一个重要的道理：我们必须要忘却或突破悲伤和痛苦，这样才能达到豁然的新境界。

一个人如果经常躺在悲伤的回忆中不愿走出来，那么这些情绪会永远地陪着他。我们要知道，最美的刺绣要衬托在暗淡的背景下，只有最恶的土壤才能开出最妖艳的花。

有这样一个美国人，他在自己壮年的时候就失业了。但他有一个伟大的理想，那就是成为政治家，开始他想从一名州议员做起，可几次竞选都失败了。虽然梦想可贵，可生计问题才是头等大事，他不得不开起了店铺来维持生活，不过上帝依然在跟他开着玩笑，一年都不到，他的店铺就倒闭了，他还因此欠下了一大笔钱。在他日后的17年时光里，他一直在四处奔波，就是为了还这些钱，这些年的经历让他吃尽了苦头。

虽然他如今的生活状况非常差，但是他仍然不想放弃理想，可喜的是他在这次竞选中成功的当上了议员，他终于成功了一次！在他还没有因此欢呼的时候，他的未婚妻却因病去世了，要知道，这是在他们刚刚订婚不久之后发生的事情，这一个接一个的打击让他痛苦万分，那一段时期里，他患上了严重的神经衰弱症，悲伤的他整天都卧病不起。

命运在一次次跟他开着玩笑，但是他却依然在挑战着它。

他又参加了几次美国国会议员的选举活动，他一次又一次在这些会议中扮演着背景帝的角色。好不容易有一次他终于成功地当选了国会议员，但是在几年后的连任选举中，他又失败了。

这个人的运气非常之差，失业、破产、爱人去世、政治失意，他一生几乎没有经历过什么得意和轻松的事情，但是他一直没有放弃。他尝试了整整十一次选举，可惜的是只成功了两次，虽然他的一生中充满了坎坷和磨难，但是他却一直相信终有一天能够拨开云雾见天明。在这种信念的支撑下，他在1860年获得了成功，当选为美国总统，这个人就是伟大的林肯总统。

人只有在失败和悲伤中才能变得更加坚定和平和，一帆风顺只会导致人的傲慢自大，可失败悲伤却能让人谦恭努力。当你陷入悲伤的情绪中难以自拔的时候，你要告诉自己：这是一个绝佳的机会，你战胜它，就可以拥有难得的经验。女人们，我们在年轻的时候不要害怕悲伤的历练，它只是在磨砺你，而不是摧毁你，如果你能在悲伤中唤醒自己的潜力，那么你就是生活的强者。

一个真正勇敢的女人，可以微笑着面对人生中的风云变幻。她不怕悲伤，她不怕失败，在任何环境中她都能够逆流而上，她敢于直视任何困难，所以也就能改变厄运。女人，从来就不是弱者，我们的心有多广阔，未来就可以有多广阔。告别悲伤，迎接阳光，你的明天在路上而不是在回忆里，不要让悲伤影响到你的现在和未来，我们要相信有悲伤的地方才有圣地。

7

第七章　洒脱愉悦的高洁之香

1.不卑不亢，不怒不喜

有很多东西本来是属于我们的，它转眼间逝去了；有很多东西本来是不属于我们，它却又悄然降临了。所以说，这个世界就是时刻充满着未知的，很多时候并不可能一切都听从我们的安排，我们就不该因为这些短暂的得失而挂怀，顺其自然才是生存的大智慧。

女人的天性中有敏感多愁的一面，因此很难做到宠辱不惊，但是这却是理性成功学的基本法则。我们想要自己活得轻松一些，自在一些，那么就需要我们有不卑不亢的状态，不怒不喜的心境。不要抱着过去的眼光看待问题，不要认为事情永远只有那么好或那么糟，保持一颗平常心，正确淡然地看待我们所遭遇的不幸或惊喜，这样才能让自己在人生的道路上越走越平坦，才能让自己在这繁杂动荡的世界里走出一片自己的天空。

我们要对任何事物都不能太过强求，一切都让事情按照自身的规律去发展，这样就不会有强加的状态发生。只要遇事不乱，就能做好该做的事情，之后才能坐观事态的发展，也才能做出正确的决定。

秋天到了，古老的寺院里满地都是落叶，看起来很乱很荒凉。小和尚看不下去了，他就跑去跟自己的师傅说："师傅，快撒点种子吧。"师傅却说："不急，随时。"没过多久，突然发现了寺院里有一包种子，师傅对小和尚说："你去种吧。"不料，一阵风吹来，许多刚刚种下的种子都被吹飞了，小和尚看到他辛辛苦苦种下的东西被毁后，又去找师傅诉苦。师傅却说："没关系，吹走的是发不了芽的，因为它没沾水是空的，随性。"可没有被吹走的那些种子还经常被一些山鸟刨出来吃掉了，小和尚心痛地和师傅说："师傅，白忙了一场啊，种子都被鸟吃了。"师傅淡然的说："不用急，种子那么多，鸟不可能吃完。随遇。"又过了几天，一夜的暴风雨过去，小和尚发现有些种子已经被雨水冲得四散而去，他垂头丧气地坐在门口半天也不说话。师傅看见他这么消沉，就对他说："种子冲到哪里就算哪里吧，它到哪里都会发芽。随缘。"半个月之后，小和尚竟然看到院里很多地方都长出了新芽，很多没有被播种的地方也因为那夜暴雨而长出了新绿，小和尚高兴地跟师傅喊着："师傅，快来看，种子全都长出来了。"师傅面带微笑地对他说："本来就该是这样。随喜。"

聪明的女人需要这种淡然的境界，不要凡事都太过强求，毕竟许多事情都不能任由你的控制。随时、随遇、随性、随缘、随喜，这简短的几个字就充分地道出了人生在世的哲理和秘密，也道出了修炼平常心的诀窍。我们可以经常看到身边的人们为了一点小事而大悲大喜，其实它们根本就不算什么，喜怒太过只能说明你缺乏耐心和正确的判断，你为了一点表象的东西就已经情绪失控了，所以也就很难再继续因为这件事物而获得更多的成绩。

如果是一个对于一切都保持平常心的人，他就会排除外界的所有干扰，只为了追求那个自己想要的结果，他不会在路上因为其他的喜怒而分心，专心致志才是他获得成就的最大保障。有些事情你不能活在自己的思维里，你觉得它如何它就要如何，你在绞尽脑汁费尽心血的时候，很可能在做的是一件南辕北辙的事情，反倒不如“尽人事，听天命”，这样才能让事物向着那个正确的方向发展，也就很可能发生奇迹。

生活中，我们认识的很多女人都做不到这样的顺其自然，她们在做任何事的时候都是急迫又紧张，有时候还会自作聪明地走个捷径，认为自己可以控制一切，但事实往往与其想象的相反。所以，我们要尽量减少这些聪明反被聪明误的情况，我们只需要朝着正确的方向努力。对于一些我们无法控制的东西，要做到心平气和，让它悄悄地来，悄悄地走，你只要保持高洁地站在这里，命运总会给你满意的答案。

平常心的女人看起来从容又优雅，她的脸上总是挂着那种淡然又欣慰的笑容，她很清晰地了解自己与外界的互动关系，这种智慧会让她变得爽朗开阔。因为她们知道，有些事情该发生的始终要发生，它们不会因为你的心情而改变轨迹，有些东西是你非常不舍的，但是它却还是溜走了，所以你再难过也于事无补，反倒不如让自己努力，以求再次得到它。世间万物都有它固然的存亡定数，所以我们不可能会左右和改变，那就让它们按照自己的规律去生长和毁灭吧，这才是我们与世界最好的契合方式。

女人要保持淡然，要保持平常心。在爱情里，你不要因为爱慕而冲晕了头脑，或许很多时候你并不需要低下身姿来乞求一份爱情。在爱情远去的时候，你也不要悲痛欲绝，很可能这件事情就是这样的命运，你无论如何挽留都不能抓住他的衣角，那就让他远去吧，彻底离开你的生活吧，没有了他，你还是你，你还是会活得很好。

女人要保持淡然，要保持平常心。在工作上，你要做到竭尽全力，这样在成功或失败的时候你都不会感到后悔。不要因为一些外界的因素而乱了心态，相信万事都有它的准则，它不会可怜一个懒惰的人，它也不会辜负一个勤奋的人，它不卑不亢地看着你对于它的态度，要明白，我们与明天交易的筹码就是今天努力的程度。

作为女人，我们需要比男人更加强大的内心和智慧，所以我们就必须要学会顺其自然。顺其自然能够让自己不受外界的侵扰而改变自己，也能够在生活的洪流中找到前进的方向，不会迷失自己。不卑不亢，不悲不喜，你会发现这个世界远比你想象的还要精彩，它会赐予你阳光雨露，它会赐予你狂风暴雨，这都是生命的洗礼，你会在这些洗礼中变得更加强大，变得更加坚不可摧。

2.没有什么是过不去的坎

这个世界上有千千万万个人，但是真正能够成就梦想的却寥寥无几，这并非每个人的天分不同，只是很多人并没有找到正确的方式来实现梦想。通向梦想的路有很多，但是很多人却从一开始就走错了，他们走到了一个岔路口，或者因为一次跌倒就觉得灰心丧气，再也没有勇气去挑战梦想了，所以就会成为一个失败者。

女人们，我们不要放大困难，也不要轻易地认为自己不行。人的承受能力，其实远远超过我们的想象，不到生死攸关时刻，我们很少能认识到自己的潜力有多大。人生就没有过不去的坎，你的能力究竟有多大，不到了绝境你永远都不清楚。我们都听过类似的话，那就是谁都不知道自己跑得有多快，这要取决于你身后是不是有猛兽的追杀。

有这样一位农村妇女，她18岁的时候结婚，26岁赶上日本人侵略中国，在农村进行大扫荡，她不得不经常带着两个女儿一个儿子东躲西藏。村里很多人受不了这种暗无天日的折磨，想到了自尽，她得知后就会去劝："别这样啊，没有过不去的坎，日本鬼子不会总这么猖狂的。"

她终于熬到了把鬼子赶出中国的那一天，可是她的儿子却在那炮火连天的岁月里，由于缺医少药，又极度缺乏营养，因病夭折了。丈夫不吃不喝在床上躺了两天两夜，她流着泪对丈夫说："咱们的命苦啊，不过再苦咱也得过啊，儿子没了，咱再生一个，人生没有过不去的坎。"

刚刚生了儿子，丈夫因患水肿病离开了人世。在这个打击下，她很长时间都没回过神来，但最后还是挺过来了，她把三个未成年的孩子揽到自己怀里，说："娘还在呢，有娘在，你们就别怕。"

她含辛茹苦地把孩子一个个拉扯大了，生活也慢慢好转起来。两个女儿嫁了人，儿子也结了婚。她逢人便乐呵呵地说："我说吧，没有过不去的坎，现在生活多好啊。"她年纪大了，不能下地干活，就在家纳鞋底，做衣服，缝缝补补。

可是，上苍似乎并不眷顾这位一生坎坷的妇女，她在照看孙子时不小心摔断了腿，由于年纪太大做手术危险，就一直没有做手术，她每天只能躺在床上。儿女们都哭了，她却说："哭什么，我还活着呢。"

即便下不了床，她也没有怨天尤人，而是坐在炕上做针线活。她会织围巾，会绣花，会编手工艺品，左邻右舍的人都夸她手艺好，还来跟她学艺。

她活到86岁，临终前，她对自己儿女们说："都要好好过啊，没有过不去的坎。"

人总是在遭遇重创之后，才会幡然醒悟，重新认识自己的坚强和坚忍。所以，无论你正在遭遇什么磨难，都不要一味抱怨上苍不公平，甚至从此一蹶不振。人生没有过不去的坎，只有过不去的人。你的人生是什么样的，完全取决于你的坚强程度，你如果不屈服，那么就没有什么能把你征服。

亲爱的女人们，我们要相信"有志者事竟成"，我们要知道命运对你的压力正是给你的动力，凡事都有两面性，在走到绝境的时候，一定要把它利用起来，让它成为你明天成功的助力，而不该是累赘。

3.正视一切不可避免的事情

凡事出现总有它的道理，所以我们不能因为一些外物的发生去怀疑自己，怀疑世界。作为一个成熟的女人，我们需要用处变不惊的心态面对一切，不要因为情绪化而让自己陷入困惑中，正视一切不可避免的事情。既然它已经发生了，就必然有它的道理，所以你不需过分钻牛角尖，非要弄个是非黑白，有时它的最终答案是你根本找不到的，那就默默地忍受吧，然后默默地把它改变。

对于女人来说，保持这种心态很重要，这是为人的一种高洁品质。我们不只要对事物抱有平常心，还要正视它发生的前奏和尾声，或许它并不是凭空而来的，我们要从中尽量找到规律，或者在其中找到能够让自己更好面对明天的勇气。有时候，坚持并不是愚昧的，而是一种优秀的习惯，它会给你带来你未曾想到的机遇和希望。

20世纪60年代，在江南的一个小镇上，有一个女孩在初中毕业后，没有工作的目标，于是就在街上摆了一个小小的茶摊，向来往的行人售卖。她卖茶有一个习惯：每一碗茶她都会用新水新茶沏，从来不用一碗茶叶冲泡多次给客人喝，并且从不以坏充好，什么茶什么水全都明码标价的写在那里。因为她沏的茶非常好，所以人们都喜欢到她的茶摊来喝茶，她也因此认识了很多朋友。有人跟她说："这样一碗一碗的卖多麻烦啊，干脆你就用大号茶壶沏茶来卖，岂不是要快很多吗？"这个女孩笑了笑，并没有回答。

另一个喝茶的客人看到她的这个态度非常欣赏，就出资给她开了一个茶馆，但是这个茶馆开了不久之后，她所在的小镇就发生了很严重的饥荒，所以没有那么多人有钱来喝茶了，她的茶馆生意还没等到大红大紫，就差点关门大吉了。可是她却还是保持着原来的卖茶风格，依然是一碗一碗地卖，并没有因为赔钱就从成本中扣，虽然现在她卖茶已经没有一点利润。

接连几年，她都是这样坚持下来的，最终她在经济好转的时候凭借良好的口碑顺利开了一家分店，经过多年苦心经营如今已经成了江南一带最大的茶馆，她也成了企业的总裁。有人问她成功的秘诀，她说："做生意一定要诚信，而且还要正视一切不可避免的问题，只有正视它才能解决它，不能因为一点困难就改变了自己的从商之道。"

罗曼·罗兰说："人生就是一场战斗"，我们如果不想在这场战斗中做一个逃兵，那么就需要正视每一刻发生的任何事情。如果我们的内心不能承受随时可能发生的意外的负荷，那么心理也就会因为变化而失常。如果你的职业是一个心理医生，那么你就会发现大多数的心理疾病患者都是因为他们不能正确地面对世事，不能正确地看待自己，所以才造成了心理失衡，于是就出现了千奇百怪的病状。

这个时代是有些畸形的，它并不像曾经的那样单纯和热情，造成这种情况的主要原因也并不只是因为大环境变了而已，更多的是人们都因为过度的保护欲而使得自己不再敢敞开心扉。缺少与人合作或者共同面对的机会，这就使得很多人都会对现在的社会产生很大的抵触感，从而就会改变人们的心态，也就会使人更无法正确看待事物，也就更加深了社会的问题，所以说这是一个恶性循环的关系，如果想要改变，就要从我们自己做起。

刘云是一个刚毕业没多久的女大学生。在很多同学还发愁着工作怎么找的时候，她就已经得到了一家广告公司的面试消息，因为她在面试中表现得非常出色，于是顺利的得到了上班的机会。刘云的心情非常激动，她觉得自己非常幸运。于是她打电话把这个消息告诉了远在故乡的妈妈，妈妈对她说："找到工作固然是一件好事，但是你去工作的时候也要小心谨慎、认真分析，现在外面的骗子非常多，一定要注意不要上当。”刘云听了妈妈的话，在去上班的时候非常注意观察，发现这家公司只有几个办公间，几把椅子而已，里头甚至都没有电脑等基本的办公用品，也没有正规公司的注册文件。刘云感到非常疑惑，她就又给妈妈打了电话，说这家公司确实很可疑，于是她就想辞职不干了。但妈妈又说：“你要正视所有发生的事情，但是也不要太过怀疑未发生的事情。也有可能这家公司因为刚刚成立不久，所以手续还没有齐全，你不要这么快的下结论，仔细观察一段时间再说。”刘云就决定先干一段再说，她先在公司里做接待的工作。过了一段时间，她拿到了她的第一份薪水。这时候，正好公司的老总回来了，他因为一些业务上的原因一直在外地忙碌，所以才迟迟没有办好手续。在他一回来就发现刘云这个小姑娘不错，在工作上表现得也很认真，而且她还没有计较公司的现状，这就更觉得很满意，当公司办妥各种手续的时候，就让刘云担任了总经理助理，薪水也水涨船高，要比以前好很多。在公司正式走上正轨后，刘云发现这家公司还是很有发展潜力的，她暗中高兴，幸好当初听从了妈妈的建议，没有冲动行事，才不至失去了良机。妈妈告诉她的要正视一切发生的事情，这真的是一个非常好的建议，可以受用一生，这会让她一直保持着冷静，也就能更加清晰地剖析现实情况。

女性朋友们一定要知道，有些时候要保有“塞翁失马，焉知非福”的心态，任由事情的发生或是离去，都不要对它感到恐慌或者狂喜，这些不健康的情绪会影响我们对这件事情的真实判断，所以一定要注意和小心。

正视一切事情吧，不要让自己陷入嫉妒或焦躁的情绪之中，保持淡然的心态才能让我们在危机面前保持镇定自若，让我们在机遇面前保持敏锐的嗅觉，这种物质会让一个女人显得更加优雅和从容，也让一个女人浑身上下充满迷人的光彩。

4.生得娇艳不如活得潇洒

每个人的面貌如同性格一样都是完全不同的，而这个世界正是因为这么多的不同才变得更加精彩。所以，我们无需太过羡慕别人而忽略了自己，我们也很不错，只是你可能并没有意识到，一个女人可以生得不够漂亮，但是一定要活得漂亮。

女人的美貌与否并不是最重要的事情，但是她的心灵够不够美，思想够不够独立，这才是最重要的事情。当如今社会上整容和美容的广告铺天盖地的时候，我们也不需要为此而大费周章，一个浑身上下都是被现代科技雕刻出来的“美人”，恐怕也不会美得自然，这种美还很容易发生副作用。而且在整容的时候，你必然会有一个模板，这就很容易产生像某国一样的“千人一面”现象。我们还是要保持自己的本色不变，只有这样你才能发现自己独特的美，更重要的是，许多女人吸引人并不只是因为美貌而已，而是她身上那股独特的气质。

在经过多少次修整之后，有些女人还是觉得自己不够美，这是为什么呢？因为你很可能只是模仿到了别人的外貌，但是你却缺少了别人的独特气质。而气质这种东西又是难以模仿的，所以你只是在追求美丽的道路上学到了皮毛而已。美貌只是女人生命中的点缀而已，而且也不可能一生都陪伴着你，终有一天你会感到“韶华易逝，红颜易老”，这时你才会明白生得娇艳并不如活得潇洒。

如果一个人的美是给他人看的，希望在别人的赞许和仰慕中找到自己的存在意义，让自己得到一种他人给以的满足感，这种幸福是被动的。可一个人如果在每时每刻都在为自己而活，不那么在乎他人的看法，那她也就可以活得潇洒，也就会让自己更加清晰地找到自己生活的意义。

女人想要活得潇洒最起码需要一些必须的素质：

①身体健康

一个身体不健康的女人就不可能满足自己每一刻新奇的想法，比如你现在特别想去登山，但是你的身体情况却不允许，这必然就让你少了许多乐趣。现在的社会本来就节奏快，弱不禁风的病态“淑女”恐怕是难以适应的，所以我们坚持锻炼身体，保持一个健康的体魄是非常重要的，身体的健康也会影响到她自己的内心，体弱多哀伤，健康多阳光。

②气质优雅

一个人的美貌与否是天生的，是难以改变的，除非你借助现代化的科技来给自己动刀。一个美貌的人如果没有气质，她也仅仅是一具漂亮的躯壳而已，根本就没有什么内涵，也会让人产生这个美女不能细品的感觉。而一个有气质的美女却会让人忍不住沉到她的一举一动里，她的一颦一笑都有着与他人完全不同的感觉，她是独立于外的，她与任何人任何事都不同，她难以琢磨和驾驭，所以她才会显得那么吸引人。气质是后天修炼出来的，它不可能靠着偷奸取巧的学习和模仿复制出来，它只有在一定阅历、经历、学识、修养中才可沉淀下来，渐渐使自己在举手投足的不经意间展露出与众不同的气息。女人如果没有属于自己的独特气质，无论美丑，她都只是一个平凡的俗气的女人。

③适度独立

女人的独立并不是要与男人对抗，只是要找到自己的定位，找到自己生存的意义。我们不需要倚靠他人，不需要借助他人，特别是一些心怀不良的男人们，如果你不能很好地让自己保持原则，那么轻松地就接受了诱惑，这只会让你离后悔不远了。经济独立的女人会让男人感到你的珍贵，谁都不可能养活谁一辈子，所以一定不要有那种找一个一生依靠的想法。我们女人的精神独立要比经济独立还要重要，只有女人精神独立，她才能在自己的精神世界里自由徜徉，她也能够找到那种女人身上最可爱的神秘感，而且也能让自己树立强大的自信心。

④心态平和

人想要活得潇洒，就要保持心态平和。如果一个人经常容易因为外界事物的浮动而心悸神摇，那么她也就很难让自己拥有独立和潇洒的状态。我们没有过人的外貌、丰富的知识都没有关系，但你一定要有一颗平和自然的心，只有这样你才能感知一切事物，才能感受到它们赐予你的酸甜苦辣。平和的心能指引你找到你的人生方向，你不会在这一路上迷失，还能够让你握紧命运的喉咙，不再听从任何人和任何事的安排，一个人真正的自由便是如此。在平和和宽容的世界里，你会发现你成了自己的主人，你也会发现更轻松的氧气和更广阔的天空，你会因此而变得与众不同，圣洁美好。

⑤吃得好、睡得好、玩得好

吃得好并不代表大鱼大肉、豪华奢侈，而是要在“吃”中体验到“吃”的文化，而不能是胡吃海塞。女人要在吃上用心，要吃出品味，吃出讲究，我们只吃那些自己真正喜欢的东西，而不必去那些装饰华丽的地方。用料不必太过奢华，好的氛围更加重要，你要选择一个轻松愉悦的吃饭环境，而不是一个名贵的拘谨的场所。

女人如果睡得好，就证明她的心理健康，她没有那么多的烦心事，她没有那么多的欲望。在该睡的时候就睡，不要抱着事后补觉的想法。睡觉是最佳的休息方式，我们要抛弃一切想法，让自己安安心心地沉入梦乡之中。

玩得好相比以上两点更加重要，因为玩的时候可以让你全部身心都得到放松。虽说是玩，但是玩也并不简单，不信的话你在周末的时候跟家人和朋友提议："我们出去玩啊！"所有人都会说："好！但是去哪儿啊？"对，永远都是这个"去哪儿"难住了所有人。其实，去哪玩并不重要，你们先不要设想你们去了之后要发生的种种事情，因为还没去，所以一切都只是假设。不要从他人的嘴里听到哪里哪里不好你就选择了放弃，其实每个人对于好玩的定义都不同，她觉得不好的，你未必觉得不好。比如有的人喜欢K歌、喝酒，那她肯定觉得登山没意思，所以玩是一个个人的行为，你想要放松的时候完全可以自己一个人完成一场单人旅行。不要害怕寂寞，或许旅程并不孤单，你不要那么多的顾虑，顾虑越多只能让你负担越多，烦恼越多。

⑥保持爱心

人想要活得更加潇洒和自在，那就需要心中有爱，这比任何条件都要重要。有人可能会说，我如果家财万贯那该多好啊，我想去哪去哪，想买啥买啥，这多潇洒啊。一般说这样话的人都是因为她没有这样的条件而已，当她真正拥有这样生活的时候，她就知道是不是真的那么美好了。一个女人最需要的就是一颗爱心，她有爱着的人，有爱着她的人，她可以从彼此的爱中找到生命的氧气，身心上都愉悦的女人会更加轻松地感受到这个世界的美好。女人心中有爱，人才会美丽，那种从里到外的美让每一个欣赏者都感到心旷神恰。

亲爱的女人们，我们要让自己活得自在一点，不要给自己那么多的压力，不要给自己附加那些无用的比较。很多时候，她们是她们，你是你，完全就是不同的人，所以不要比较也不要自卑，活得漂亮才是你需要追求的东西，这是一种生活的精神、一种品位、一种至情至性的精彩。

千万财富也不能赋予你一颗自由的心，如花容颜也不能让你活得漂亮。让我们抛却那些虚伪的、虚荣的幸福吧，从自己的本心出发，尽量让自己去做一些兴趣内的东西，与过去决绝一些，对明天勇敢一些，你会发现你的生命精彩至极。

5.在孤独的舞池里起舞

孤独是一个桀骜的朋友，它经常不请自来，它悄悄地降落在你每一个无眠的漆黑夜晚，它悄悄地降落在你每一个狂乱的聚会中，你多少次为了它而痛哭流涕，多少次为了它而黯然神伤，可是它却都不会给你一点怜悯，你多想抛弃它，可是却一次次因为脆弱而失败。孤独是既不爱你也不被你爱的一种失重的心理状态，它会让一个人的心里感到无力，感到无助，虽然它很可怕，但是我们却要学会征服它，在孤独的舞池里起舞。

现代社会中，孤独已经成了一个流行的名词，这并非说人们失去了同伴，而是每个人心中的孤独感得不到根治，所以才经常击溃一些意志薄弱的人，让她变得消沉，让她变得没落。所以就有人说：“虽然现在时代进步，医学发达，但我们的社会却有一种疾病愈来愈普遍，那就是处于拥挤人群中的孤独感。”

孤独有时是来自于一些客观的环境的制约，比如你一个人孤身漂泊到异乡闯荡，比如你身在远离人群中心的国境工作，这时的你很难在工作之余与更多的人交流，所以失去了丰富的精神生活，于是也就会感到孤独。

孤独有时是来自于你自己认为的他人对你的不了解，有时是来自于人们对于社交方式的不恰当选择。研究人员发现孤独的人多数都爱花时间在Facebook，微博，微信等社交网络上，他们平时与外界的人们接触并不多，所以就造成了自己主观世界里的孤独。他们经常沉迷于这些社交娱乐中，于是就使自己的内心世界与真实的生活格格不入，无形的孤独会让他不能离开这种精神压抑，久而久之就会影响到自己的心理状态，影响自己的智力和才能的发挥，很容易失去对事业的热情和对生命的热情。

有一个富翁，他一直想追求快乐和幸福充实的生活，于是他为此付出了许多的努力，但是他的生活却没一点改变，他总是觉得自己过得很孤独很压抑。所以他只能用疯狂购物的方式来填补自己内心的空旷，当市面上出现任何新的电子产品时，他都会去买；当看到别人开着一辆新型的汽车时，他也要买。无论别人有什么东西，无论是他真正需要的还是不需要的，他都会买回来自己用，虽然他拥有的东西越来越多，可是他却越来越不快乐，甚至都感觉不到一丝的幸福和满足。郁郁寡欢的他难以忍受现在的生活，所以就决定出门散散心。

他开着车子慢慢悠悠地走了起来，有一天他到了一个很偏僻的少数民族村落，这里非常闭塞，也没有多少现代化的东西。但是他却发现这里的村民生活得非常快乐，白天他们一起在田里耕种，晚上吃完饭，一群人就在空地上点起篝火，一些人弹着欢快又轻松的曲子，男女老少一起唱歌跳舞，一直到尽兴了才会回家。这些人随意又开心的状态让他感觉非常舒服，于是他也试着想要参与进去，因为他发现这些人的神态里没有一丝一毫的忧愁，但他却不明白为什么这些人会如此快乐？

在这些村民围着篝火跳舞的间隙，他找到了当地的一个老人，他问这位老人："为什么你们总是这么快乐呢？"老人听了他的话之后并没有马上回答，而是弹了一曲非常悠扬的古曲，老人对他说："你跳起来吧，但你要记住，无论我弹什么曲子，你都要按着自己心里的曲子起舞。我相信你这样做的话，就一定能知道什么是快乐。"就这样，他跳了起来，虽然，他跳得非常累，但是大汗淋漓的他却和那些少数民族的人打成了一片，他和他们胳膊挎着胳膊，他们大声地笑着跳着，这时的他再也感受不到一点孤独。这场疯狂的舞蹈跳完了，他的心情非常放松，有一种从未体验过的感觉，就在他静下来的那一刹那，他心中突然一亮，老人真是一个智者，他在用自己的方式告诉自己如何摆脱孤独，如何找到快乐，那就是必须要按照自己的曲子跳舞，按照自己的心情生活。

亲爱的女人们，我们不要害怕孤独，不要害怕别人不懂你。这些都不是坏事，再坎坷难行的人生路上总会有不断闪耀的太阳，所以不要绝望不要悲伤。如果你开始过多地在意孤独的感受，那么就会放大自己所遭受的挫折和不安，也就会让你时刻都生活在紧张的情绪之中，一直难以得到放松，这也就使你离精神崩溃不远了。孤独是每个人都必须要面对的状态，谁能逃得过孤独呢？不过我们无需害怕，只要你的内心足够坚定，它就不会影响到你的生活。

越是孤独的时候，我们越要起舞，在这最寒冷的地方开出最娇艳的花儿来，这才是珍惜生命的方式，这才是懂得生活的方式。

6.幸福的女人要活在今天

人生只有三天，活在昨天的人珍惜迷惑，活在明天的人等待，活在今天的人最踏实。生活中，懂得珍惜今天的人能顿悟人生，看淡过去的哀伤和未来的物欲，抵御各种各样的诱惑，舍弃那些不该有的悲观和失落。惜时如金的人会提高她的生活质量，丰富她的人生内涵，所以就让我们从今天起活在当下吧。

你永远无法预测意外和明天哪个来得更早，所以，我们能做的，就是尽最大的努力快快乐乐地过好今天。我们的整个身体都活在今天，所以我们为什么要一遍一遍不厌其烦地回想昨天呢？为什么要不厌其烦的一遍又一遍去憧憬未来呢？

我们首先要做的事情不是去观望遥远的未来，而是去做手边的必须之事。为明日做好准备的最佳办法是集中你所有的智慧、热忱地把今天的工作做得尽善尽美。

大多数女人，拖延着不去享受今天的生活，梦想着天边有一座奇妙的玫瑰园，而不去欣赏今天就开放在我们窗口的玫瑰。而有些男人则喜欢根据自己的喜好，对那些没有接触过且神秘的女人抱有兴趣，不管他曾经说过什么，都会觉得为什么自己的女人不能像别的女人一样独立，温柔体贴，懂道理。所以女人要懂得自己幸福，自己开心。这就需要我们明白今天才是你唯一可以抓得住的东西，太多的期冀于未来，会让你活在空中楼阁之中。我们想要活得快乐一点就要先从抓住今天开始，你只有把今天当做最珍贵的日子度过，那么你才可能会拥有更多的幸福。

而且一个成熟的女人应该知道自己是为了谁而活，如果你追求的快乐是追随在别人的脚步后，那么你就需要把模仿和学习放到明天，今天在你的生活中就这样变得黯淡起来，甚至永远也不可能发挥出它一分一秒的意义。

林学是一个爱好比较广泛的年轻人，他最近得了一场大病，因为自己在外忙碌而没有及时得到妥善的治疗，所以就转成了慢性病。他能感觉到自己的身体变得越来越差，为了治病他丢了工作，这更导致了他的情绪糟糕。他一面担心自己的身体是否已经到了崩溃的边缘，一面也担心病愈后很难再找到合适的工作。而且因为他的心情不好，所以他经常对自己的家人发火，虽然有时候他也知道并不是什么大事，但是他还是控制不住自己的情绪。身体差了，心情差了，他只能天天窝在家里，哪里也不去，什么也不干。后来，好不容易找了一个本市著名的慢性病医生，这个医生对他说："你就是因为郁闷生气，才导致的这个病迟迟也不好。你还年轻，你要让自己每一天都活得精彩，抓住每一个今天，充实起来才能让你快乐起来。保持一个好心情才是康复的基本，比如你有什么爱好，就让自己尽量投身到这项事业中，你会因此而得到快乐的。"

林学前些年特别喜欢摄影，他还因此置办了一套专业的摄影设备，他在未得病之前还想着要开一家自己的影楼，只是因为生病才让他把这个计划搁浅了。听了医生的话之后，林学决定要重新拿起他的相机，这时他倒不是非要开一家影楼，因为他感觉自己如今的精力可能不足以支撑他做如此大的事业。所以，林学就带着相机开始了四处拍照的生活，每每在治疗的空闲时间里他都会去旅行拍照。在这时，他才发现原来天空是如此清澈，大海是如此广阔。曾经的他在忙碌中都没有看到，他没有听到虫鸣，他没有听到鸟叫，这些错过的风景让此时的他感到非常遗憾，于是他下了一个决心一定要珍惜每一个今天，他要把那些年他忽略的美好，全部拾起来塞进心里。虽然他的设备并不新颖，他的身体并不健硕，但是他却还是乐此不疲地背着沉重的设备四处游荡。

可能是因为他的心情因为摄影而变得好了起来吧，他的病竟然在医生的治疗下很快就痊愈了，这种恢复速度让医生都感到惊讶。林学真诚地向医生致谢，他说："要不是您当时的那些话改变了我的心情，恐怕现在我还是病快快地躺在家里呢。"在康复之后，林学卖掉了这一堆老设备，换成了一些新设备，继续摄影，他已经不再想做那些自己不太喜欢和没有天赋的工作了，他在摄影的过程中能够找到简单的快乐，能让他珍惜每一个今天，能让他珍惜每一片风景，这都让他决定了将一生都奉献给摄影事业，毕竟是它曾经救了自己一命。

我们在小的时候都会听过很多关于珍惜今天的箴言，但是在我们长大之后却一点点把这些真理全都忘了。但当我们走过了千山万水之后，在我们经历了人世沧桑之后，我们才能明白今天的可贵，如果你觉得今天是无聊的，那你可以充分发挥自己的兴趣爱好，给自己找乐；如果你觉得今天是空白的，那你一定要寻找未知的东西，让自己接纳这些新知，很多东西在你站在外面看的时候是看不到本质的，因此也没有任何评价的资本，只有你亲身经历和学习之后，你才能对这件事物做出最准确的判断和评估。

要活在今天，就要有一个良好的心态，不要因为外界的改变就改变了自己本来快乐的内心。

程琳一直在抱怨自己的工作太忙，没有时间休息，这让她心力交瘁，而且面容憔悴。后来她因为身体的原因辞职了，在家休息没几天的时候，她就向朋友们说："没有工作就没有收入啊，每个月还要还贷款，虽然我有点积蓄，但是这样坐吃山空也不是办法啊！"在这样的心情影响下，她每天都在网上不断的投着简历，同时心情还是没有从上一份工作中抽离出来，她的生活甚至还是和上班的时候一样忙碌。她的朋友们劝她，何不趁着这个时间好好出去放松放松，找个地方旅游散心。她说："那不是浪费时间吗？我要马上找到工作，然后继续上班挣钱，我今天的任务就是找工作，而不是旅行。"朋友们看到她如此固执，也没法劝了，只能默默地祝福她。程琳的工作能力是有的，失业其实只是一时的，她完全不用那么着急，况且这样焦虑的心情让她每天过得都非常烦躁。虽然，她在一周之后就又找到了新工作，但是这份工作却比上一份工作还要忙碌，于是她又开始抱怨生活太累，没有时间休息了。

活在今天，并不代表我们要为了今天而疲于奔命，而是要杜绝那些无谓的空想和懒惰的心态。努力工作没有错，但是却不能拼命以至于搞坏了自己的身体。我们要珍惜今天的时光，要懂得劳逸结合，要规划更好的生活方式，而不该盲目地让今天"充实"。

无论面对什么样的事情，我们都要有持之以恒的决心，不要一边埋怨一边工作，这是没有作用的。活在今天就要快乐在今天，这样才能让你体验到今天每一刻的温馨和快乐，因此保持一颗快乐的心才是最重要的，这样也能使我们更好地应付每一件事情。

人想要得到快乐和满足，首先就要接纳自我。在你懂得了珍惜今天的重要性后，就要让自己真真正正地度过这一天，那就必须从快乐做起。一个不接纳自己的人是不会拥有快乐的，没有人是完美的，所以你不必过分苛求自己，多听听他人的建议，多学学他人的长处，这都会让你把这一天过好，也会让你觉得快乐和轻松。

智慧的女人懂得活在今天，她不空想，她不悲伤，她远远地注视着人群中的你争我夺，她静静地描绘着属于她自己的美丽生活，她不怕孤独，她不怕寂寞，她只怕自己有一天不再洒脱和快乐。智慧高洁的女人最幸福，她既能接受现在所拥有的，也能获得未来所赐予的，因为她珍惜了每一个属于她自己的时刻，她没有虚度光阴，所以命运绝不会亏待这样的女人。

8

第八章　聪颖雅致的女人之香

1.爱情篇

聪颖的女人相信爱情，享受爱情。爱情是女人最美的化妆品，它能够用幸福的喜悦来赋予女人柔美的灵魂让女人不再干枯，不再忧郁，拥有爱情的女人从里至外都能散发出一种难以言喻的迷人色彩。

不要因为那些世俗的目光而错过了一个值得的人，现实中没有美梦，没有骑着白马的王子，也鲜有痴心的贵公子。我们都是平凡的女人，我们不需要那些惊涛骇浪的爱情，只需要和一个爱我们的人演绎一段浪漫的奇缘。

我们相信爱情的所有甜蜜，我们也相信爱情的所有苦涩，这些真实存在的东西无法被炽热的爱火焚尽。所以我们要正视爱情的到来和离去，不要为了谁而失去自己的理智。这是因为女人在爱情里往往是感性思维占上风，不惜一切地把男人当做生命的全部，这种做法很可能会杀死你们的爱情。爱不是要把自己抛弃，当你抛弃了自我的时候，也等于变相抛弃了你们的爱情。

在爱情中，聪明的女人不问过去，成熟的女人抓紧现在。不用刻意刺探他人的故事，因为谁都有可能有不可说的隐私，爱一个人就要学着理解和包容，要互相信任和扶持。

爱情从未远离每一个人，如果你还是迟迟没有等到它的来临，那么就一定是因为你的心门没有打开。你在怀疑爱情，你在挑剔伴侣，正是有诸多的不满和焦躁才导致了你没有爱情。爱是需要敞开心扉才能迎接的东西，当你爱了，你会因为爱而变得包容和成熟，会变得更加娇柔和甜美，所以女人是需要爱情的，甚至可以说女人是为了爱情而生的。

2.亲情篇

如果与爱情想比，亲情毫无疑问是不够浪漫的，可是它却是最亲密的。远古时代，在游牧民族之间有一个这样不成文的规定，那就是“血亲复仇”，也就是说，抢别人的帐篷和牛羊都可以，但是绝不可以伤害对方的家人，否则就会遭到对方不死不休的复仇反击。虽然这个习俗在如今的社会中早就不存在了，可是我们能通过这种最直接的方式让大家明白，在人最在乎的东西中，亲情毫无疑问是排在首位的。

亲情虽然重之又重，可对于情感的表达，我们中国人向来都是内敛的，可能在小的时候我们还会跟父母说“我爱你”之类的话，可在慢慢长大之后就开始不再好意思说出口了。许多人都不喜欢将感谢和关爱放在嘴上，在见到亲人之后可能只是淡淡地打个招呼，其实内心深处还是关心着彼此的。但我们喜欢将爱藏得很深，甚至害怕亲人发现我们一点的温柔，这种倔强的关怀是典型中国人的行为方式。

一个成熟的聪颖的女人需要在家庭中起到一个调和的作用，她能够在丈夫、公婆、父母、孩子之间找到一个可以随意斡旋的中心点，所以女人才是一个家庭的核心，也可以说一个家庭过得如何，完全都在于这个女人的经营。维系一家人的最重要东西就是亲情，所以女人们一定要明白如何呵护亲情，比如对于父母长辈，我们要做到及时行孝，不要因为忙碌就忽略了父母，他们含辛茹苦地把我们养大，并不一定需要回报他们多少金钱，可能有时候就是希望我们能回家看看。比如对于丈夫和孩子，我们需要做的是包容和关怀，而不该是一味地强硬安排，一个缺少爱的男人会变得桀骜又冷酷，一个缺少爱的孩子会变得孤僻又自闭，这两个人是你一生最重要的人，因此你一定要把你的温柔给以他们，让他们的生活中洋溢着温暖，这有助于你在这个家里建造起浓厚的亲情意识。

3.独立篇

新时代的女性应该有着自己独立的性格和人格，她不必盲从，她不必倚靠。独立是一个很高级的智慧，因为它需要很高的素养来支持，也需要很完美的价值观来矫正。一个公认的成功女性，她必然是在各方面都展现出了自己独立的意识和能力。

男人会喜欢温柔的女人，但是却不一定会喜欢事事依赖的女人，而且也很可能不会尊重她；男人会倾慕独立的女人，因为这样的女人像宽容的大海，像委婉的诗歌，她看似柔和，却又强硬，她无法被他控制，所以他才会为其着迷。

女性应该在经济上有独立感，这样才能让她们在精神独立上有相对结实的根基。如果她们能做到不倚靠任何人，那么就可以用经济和精神的双重独立来维护自我尊严。经济基础决定上层建筑，一个伸手朝人要钱的女性是没法和男人做到平等对话的。女人一定要有自己的工作和事业，虽然不一定要有多么轰轰烈烈，但一定要凭自己的劳动来创造价值。

4.理财篇

生活中一个女人需要的素质有很多，我们在上文中说到了很多，在这补充的是合理的理财观念。精明的理财方式会让女人生活得更加轻松惬意。有人这样说："女人口袋里的自由会决定她脸上的笑容"。一个聪明的女人会合理地运用自己手头的金钱，让自己在生活中如鱼得水，无忧无虑。

理财不代表我们要把资金飞速地运转起来，我们该消费还是一样要消费，理财只针对那些暂时不消费的富余金钱。聪明的女人要用头脑进行消费，我们完全可以吃得好、玩得好、穿得好，这个程度需要我们自己的拿捏，如果连自由消费都控制不住自己，那么这个人恐怕也就在任何方面都控制不了自己了。

有一些女人因为缺乏相应的经济意识，只会采用储蓄的理财方式，而不敢大胆投资，这在一定程度上就减弱了这些金钱的作用。我们应该多去了解一些可供投资的方向，在考察和对比之后，选择风险系数低、收益较稳定、简单又省力的理财工具，这会让你更合理地使用财富。

除了投资之外，女人最需要的就是买一份靠谱的保险，因为女人本身的寿命就要比男人长，再加上女人的身体素质要相对而言差一些，所以给自己买一份养老保险很有必要，女人要活得精致，一定不要落得晚景凄凉的情况。

女人需要改变一种思维模式，那就是中国人传统的思想，总觉得把钱攒下来或是捏在手里才踏实，这是过时的已经被淘汰的想法，钱只有流动起来才能称为钱，不然就算你把它放到手里捏出水来，它也还是废纸而已。金钱的作用是给你的生活带来快乐和幸福，让你得到身体和心理上的满足，所以无论怎么说，金钱都只是为我们的生活服务的，所以切莫沦为它的奴隶。

5.自我篇

世界上没有不幸的女人，只有一颗不肯接受快乐和幸福的心。幸福和快乐只能存在于你自己的内心深处，这是他人无法给以的，即使可以给以你的也只是皮毛，真正内里的东西还是需要你自己去体会。如鱼饮水冷暖自知，女人无需为了得到他人的羡慕而伪装出幸福和快乐，我们应该做的是放低一些完美的要求，让自己从知足中看到淡然，在淡然中找到快乐，在快乐中得到幸福。

如果你的心是博大的，那么你会不惧任何伤害，因为你宽容。如果你的心是快乐的，那么你会从无尽的烦恼中抽身，因为你明智。如果你的心是雅致的，那么你就会离开庸俗破烂的生活，因为你聪颖。

掌控我们的不是上帝也不是命运，而是我们自己。所以一个女人想要自己的生活变得多姿多彩，就需要我们掌控自己，就需要我们锤炼自己，就需要我们在一次次不断地毁灭中得到涅槃，就需要我们在一次次不休地努力中达到人生的巅峰。

女人可以活得骄傲一些，在你的世界里一定要做自己的主人，你的美与好只有在这个世界中才能闪耀起来，因此无论任何时候都不能迷失自我。